SCIENCE

走进科普大课堂

QINGSHAONIAN AI KEXUE

李慕南　姜忠喆◎主编

ZOUJIN KEPU DA KETANG

及科学知识，拓宽阅读视野，激发探索精神，培养科学热情。

神奇的发明

吉林出版集团
北方妇女儿童出版社

图书在版编目(CIP)数据

神奇的发明 / 李慕南,姜忠喆主编. —长春:北方妇女儿童出版社,2012.5(2021.4重印)

(青少年爱科学.走进科普大课堂)

ISBN 978-7-5385-6323-8

Ⅰ.①神… Ⅱ.①李… ②姜… Ⅲ.①创造发明-世界-青年读物②创造发明-世界-少年读物 Ⅳ.①N19-49

中国版本图书馆 CIP 数据核字(2012)第 061648 号

神奇的发明

出 版 人　李文学
主　　编　李慕南　姜忠喆
责任编辑　赵　凯
装帧设计　王　萍
出版发行　北方妇女儿童出版社
地　　址　长春市人民大街 4646 号 邮编 130021
　　　　　电话 0431-85662027
印　　刷　鸿鹄(唐山)印务有限公司
开　　本　690mm × 960mm　1/16
印　　张　13
字　　数　198 千字
版　　次　2012 年 5 月第 1 版
印　　次　2021 年 4 月第 2 次印刷
书　　号　ISBN 978-7-5385-6323-8
定　　价　27.80 元

前　言

科学是人类进步的第一推动力，而科学知识的普及则是实现这一推动力的必由之路。在新的时代，社会的进步、科技的发展、人们生活水平的不断提高，为我们青少年的科普教育提供了新的契机。抓住这个契机，大力普及科学知识，传播科学精神，提高青少年的科学素质，是我们全社会的重要课题。

一、丛书宗旨

普及科学知识，拓宽阅读视野，激发探索精神，培养科学热情。

科学教育，是提高青少年素质的重要因素，是现代教育的核心，这不仅能使青少年获得生活和未来所需的知识与技能，更重要的是能使青少年获得科学思想、科学精神、科学态度及科学方法的熏陶和培养。

科学教育，让广大青少年树立这样一个牢固的信念：科学总是在寻求、发现和了解世界的新现象，研究和掌握新规律，它是创造性的，它又是在不懈地追求真理，需要我们不断地努力奋斗。

在新的世纪，随着高科技领域新技术的不断发展，为我们的科普教育提供了一个广阔的天地。纵观人类文明史的发展，科学技术的每一次重大突破，都会引起生产力的深刻变革和人类社会的巨大进步。随着科学技术日益渗透于经济发展和社会生活的各个领域，成为推动现代社会发展的最活跃因素，并且成为现代社会进步的决定性力量。发达国家经济的增长点、现代化的战争、通讯传媒事业的日益发达，处处都体现出高科技的威力，同时也迅速地改变着人们的传统观念，使得人们对于科学知识充满了强烈渴求。

基于以上原因，我们组织编写了这套《青少年爱科学》。

《青少年爱科学》从不同视角，多侧面、多层次、全方位地介绍了科普各领域的基础知识，具有很强的系统性、知识性，能够启迪思考，增加知识和开阔视野，激发青少年读者关心世界和热爱科学，培养青少年的探索和创新精神，让青少年读者不仅能够看到科学研究的轨迹与前沿，更能激发青少年读者的科学热情。

二、本辑综述

《青少年爱科学》拟定分为多辑陆续分批推出，此为第三辑《走进科普大课

堂》,以“普及科学,领略科学”为立足点,共分为10册,分别为:

1.《时光奥秘》

2.《科学犯下的那些错》

3.《打出来的科学》

4.《不生病的秘密》

5.《千万别误解了科学》

6.《日常小事皆学问》

7.《神奇的发明》

8.《万物家史》

9.《一定要知道的科学常识》

10.《别小看了这些知识》。

三、本书简介

本册《神奇的发明》是一本培养创新意识、成就发明梦想的最佳读本！每一个发明都是一个梦想！发明创造的过程就是成就梦想的过程！别嘲笑发明之物太小、太简单,也别畏惧它太大、太复杂,更别灰心失败再失败,只要发明之物具有很强的实用性,它们就能广受欢迎,它的问世之日就是成就梦想之时。本书献给正在认识世界的青少年！献给每一个喜欢创新、不愿一成不变生活的人！本书从电器、饮食、交通、医疗、服饰、文化娱乐等领域,精挑细选各项奇趣发明,借此推开一扇虚掩的智慧之门,带你走进一个发明创造的奇趣王国。要相信:只要勤于观察、善于思考、勇于创新,我们也能用创新改变生活,用发明成就梦想!

本套丛书将科学与知识结合起来,大到天文地理,小到生活琐事,都能告诉我们一个科学的道理,具有很强的可读性、启发性和知识性,是我们广大读者了解科技、增长知识、开阔视野、提高素质、激发探索和启迪智慧的良好科普读物,也是各级图书馆珍藏的最佳版本。

本丛书编纂出版,得到许多领导同志和前辈的关怀支持。同时,我们在编写过程中还程度不同地参阅吸收了有关方面提供的资料。在此,谨向所有关心和支持本书出版的领导、同志一并表示谢意。

由于时间短、经验少,本书在编写等方面可能有不足和错误,衷心希望各界读者批评指正。

本书编委会

2012年4月

目　录

一、奇妙的发明

胜利手势的发明 …… 3
风筝的发明 …… 4
伞的发明 …… 5
避孕套的发明 …… 6
自行车的发明 …… 7
阿司匹林的发明 …… 8
珠算的发明 …… 9
带刺铁丝网的发明 …… 10
条形码的发明 …… 11
电池的发明 …… 12
纽扣的发明 …… 13
照相机的发明 …… 14
胶卷的发明 …… 15
冰箱的发明 …… 16
锁与钥匙的发明 …… 17
火柴的发明 …… 18
电视的发明 …… 19
印刷机和油墨的发明 …… 20
轮胎的发明 …… 21
阉割术的发明 …… 22

高跟鞋的发明 …… 23
靴子的发明 …… 24
拉链的发明 …… 25
弓箭的发明 …… 26
胸罩的发明 …… 27
饺子的发明 …… 28
防弹衣的发明 …… 29
望远镜的发明 …… 30
鼓的发明 …… 31
圆珠笔的发明 …… 32
抽水马桶的发明 …… 33
睫毛膏的发明 …… 34
苹果电脑的发明 …… 35
吸管的发明 …… 37
橡皮擦的发明 …… 38
自来水龙头的发明 …… 39
注射器的发明 …… 40
手表的发明 …… 41
十字螺丝刀的发明 …… 42
创可贴的发明 …… 43
戒指的发明 …… 44
剪刀的发明 …… 45
梳子的发明 …… 46
订书机的发明 …… 47
牙签的发明 …… 48
拖鞋的发明 …… 49
回形针的发明 …… 50
日历的发明 …… 51
剃须刀的发明 …… 52
三明治的发明 …… 53
热水器的发明 …… 54

面包的发明 …… 55
互联网的发明 …… 56
电话的发明 …… 57
吸尘器的发明 …… 58
遥控器的发明 …… 59
拔河的发明 …… 60
随身听的发明 …… 61
磁带录音机的发明 …… 62
葡萄干的发明 …… 63
晶体管的发明 …… 64
假牙的发明 …… 65
牙刷的发明 …… 66
口服避孕药的发明 …… 67
温度计的发明 …… 68
瑞士军刀的发明 …… 69
听诊器的发明 …… 70
醋的发明 …… 71
缝纫机的发明 …… 72
呼啦圈的发明 …… 73
手机短信的发明 …… 74
七巧板的发明 …… 75
红绿灯的发明 …… 76
明信片的发明 …… 77
橡皮筋的发明 …… 78
机器人的发明 …… 79
收音机的发明 …… 80
键盘的发明 …… 81
粥的发明 …… 82
宝丽来相机的发明 …… 83
计算器的发明 …… 84
犁的发明 …… 85

鼠标的发明 …… 86
计算机的发明 …… 87
耳机的发明 …… 88
冰糖葫芦的发明 …… 89
手机的发明 …… 90
微波炉的发明 …… 91
显微镜的发明 …… 92
芯片的发明 …… 93
魔方的发明 …… 94
扑克牌的发明 …… 95
轿子的发明 …… 96
机关枪的发明 …… 97
铅笔的发明 …… 98
船闸的发明 …… 99
激光的发明 …… 100
笔记本电脑的发明 …… 101
紫砂壶的发明 …… 102
iPod 的发明 …… 103
涂改液的发明 …… 104
芭比娃娃的发明 …… 105
枪的发明 …… 106
断头台的发明 …… 107
GPS 的发明 …… 108
围棋的发明 …… 109
有轨电车的发明 …… 110
软盘的发明 …… 111
鱼钩的发明 …… 112
玻璃纸的发明 …… 113
传真机的发明 …… 114
火药的发明 …… 115
电椅的发明 …… 116

助听器的发明 …… 117
测谎仪的发明 …… 118
数码相机的发明 …… 119
信用卡的发明 …… 120
秋千的发明 …… 121
心脏起搏器的发明 …… 122
名片的发明 …… 123
指甲剪的发明 …… 124
音乐盒的发明 …… 125
电风扇的发明 …… 126
味精的发明 …… 127
洗衣机的发明 …… 128
冷气机的发明 …… 129
玻璃的发明 …… 130
羽毛球的发明 …… 131
26 个英文字母的发明 …… 132
开瓶器的发明 …… 133
榨汁机的发明 …… 134
手电筒的发明 …… 135
地铁的发明 …… 136
出租车的发明 …… 137
自动售货机的发明 …… 138
路标的发明 …… 139
狗粮的发明 …… 140
警犬的发明 …… 141
马蹄铁的发明 …… 142
轮船的发明 …… 143
香烟的发明 …… 144

二、最早的发明

最早的高压锅 …… 147

最早的电子手表 …… 149
最早的眼镜 …… 151
最早的拉链 …… 153
最早的摩托车 …… 155
最早的降落伞 …… 157
最早的柴油机 …… 159
最早的自行车 …… 161
最早的电视 …… 163
最早的洗衣机 …… 165
最早的空调机 …… 167
古代最早的冰箱 …… 169
最早的家用电冰箱 …… 171
最早的微波炉 …… 173
最早的火车 …… 175
第一台电子计算机 …… 177
最早的无线电广播 …… 179
最早的电话机 …… 181
最早的留声机 …… 183
最早的电灯 …… 185
人类最早的试管婴儿 …… 187
最早的克隆羊 …… 189
最早的转基因作物 …… 191
最早的计算器 …… 193
最早的自动取款机 …… 195
最早的软盘 …… 197

一、奇妙的发明

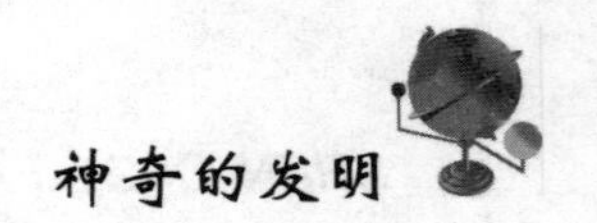

胜利手势的发明

将食指和中指竖起分开，形成“V”字，如今已成为全世界表示胜利的流行手势。但是，许多人并不知道这个手势是英国首相丘吉尔一怒之下发明的。

二战期间，丘吉尔有一次在地下掩蔽部内举行记者招待会，突然警报声大作，丘吉尔闻声举起右手，将食指和中指同时按住作战地图上的两个德国城市大声地对与会者说：“请相信，我们会反击的!”这时，在场的一名记者发问道：“首相先生，有把握吗?”丘吉尔转过身，目光锐利地望着记者们，立即将按在地图上的两指指向天花板，情绪激动地大声回答说：“一定胜利!”丘吉尔这一镇定威严的神态举止，被记者们拍了下来，登在了第二天出版的报纸上。

从此，这一著名的手势便在英国城乡广泛流行开来，并很快在全世界得到了普及。

风筝的发明

风筝，起源于中国，古时称为“鹞”、“鸢”。而后广传于全世界，据《韩非子·外储说左》记载“墨子为木鸢，三年而成，飞一日而败”，《墨子》里也记载“公输子削竹木以为鹊，成而飞之，三日不下”。

不难想象，木鸢和木鹊都是类似飞鸟的仿生器物，称谓虽然有差异，形体却和风筝非常相似。由此可判断，风筝起源于春秋时期的鲁国，距今已有2400年。最初风筝常被利用为军事工具，用于三角测量信号、天空风向测查和通讯的手段。风筝后来演变为玩具则是唐代以后的事情。

伞的发明

伞，人们非常熟悉。一年四季，人们外出总要带着伞遮阳挡雨。但追溯其源，最早是我国发明的。但关于伞的起源说法不一。

一说远在五帝时代，我们的祖先就开始使用伞了。关于伞的发明，古籍中有这样的记载："华盖，黄帝所作也。与蚩尤战于涿鹿之野，带有五色云声，金枝玉叶，止于帝上，有花葩之象，故因而作华盖也。"也就是说，伞是人们从花开时的倒扣状受到启示而制造出来的，不过当时称为"盖"。《史记·五帝本纪》也说到："舜乃以雨笠自扞而下，去，得不死。"这也是雨伞在尧舜时代即已发明的佐证。

另一说，据传，春秋末年，我国著名木工师傅鲁班，常在野外作业，若遇雨雪，常被淋湿。鲁班妻子云氏想做一种能遮雨的东西，她把竹子劈成细条，在细条上蒙上兽皮，样子像"亭子"，收拢如棍，张开如盖。实际上这也就是伞的雏形了。此说略有传奇色彩。

古时伞写作繖，"伞"与繖两字相通。据《伞物纪原》载云："六韬曰：天雨不张盖幔，周初事也。通俗文曰：张帛避雨，谓之繖，盖即伞之用。三代已有也"。可见，古时候，伞是用丝制的。后来伞变为权势的象征。每当帝王将相出巡时，按等级分别用不同颜色、大小、数量的罗伞伴行，以示显赫和威严。直到明代时，还规定"庶民不得用罗绢凉伞"，只可以使用纸伞。

避孕套的发明

世界上有关避孕套的最早文字记载出自于意大利的医学专家法罗皮奥。1564年波罗皮奥描述了一种浸有药液的亚麻布制成的阴茎套。他声称这项发明的目的，是为了预防性病，其次是用来避孕。

早期的避孕套，大多是用亚麻布或羊肠制作的，进入19世纪后，逐渐为乳胶质避孕套替代。第一个乳胶避孕套，是荷兰物理学家阿莱特·雅各布博士在1883年发明的。到了20世纪初，伴随着乳胶工艺的发展，避孕套的生产技术也获得了改进，但其厚度仍达0.06毫米，这使得夫妻往往不能“尽兴”。1949年，日本人率先研制出了厚度仅0.02毫米的“超薄型”优质避孕套。随后，俄罗斯生产厂商匠心独运，又生产出了表面布满许多微小乳胶颗粒，或带有螺纹的。

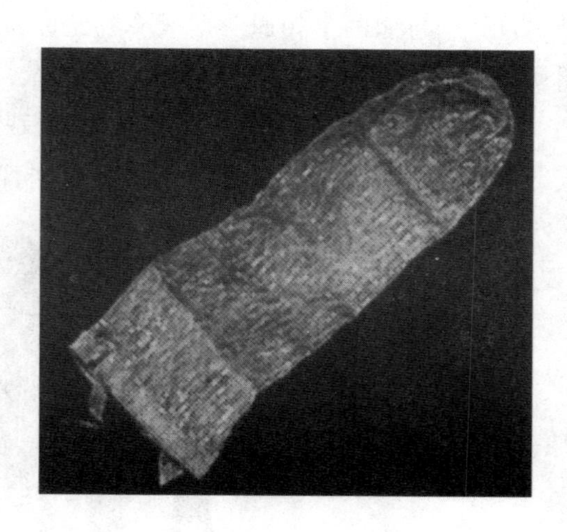

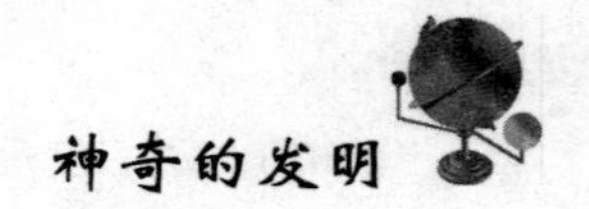

自行车的发明

众所皆知中国是自行车的王国。作为最简易轻便的交通工具，自行车像潮水一样，遍及世界各地，进入家家户户。但很少有人知道，发明自行车的是德国的一个看林人，名叫德莱斯（1785～1851）。德莱斯每天都要从一片林子走到另一片林子，多年走路的辛苦，激起了他想发明一种交通工具的欲望。他想如果人能坐在轮子上，那不就走得更快了吗！就这样，德莱斯开始设计和制造自行车。他用两个木轮、一个鞍座、一个按在前轮上起控制作用的车把，制成了一辆轮车。人坐在车上，用双脚蹬地驱动木轮运动。就这样，世界上第一辆自行车问世了。1839 年，苏格兰人马克米廉发明了脚蹬，装在自行车前轮上，使自行车技术大大提高了一步。以后随着充气轮胎、链条等的出现，自行车的结构越来越完善，自行车逐渐成为大众化的交通工具。

阿司匹林的发明

阿司匹林可以说是世界上最热卖的药物之一。人们非常熟悉它的药效，但是鲜有人知道阿司匹林的两位伟大发明者。1853 年在法国路易斯·巴斯德大学任教的夏尔·弗里德利克·格尔哈特生于1816 年，在一次实验中，在水杨酸中滴入一定数量的醋酸，由此而合成了一种被称为 ASS 的有机化合物。显然，当时人们忽略了 ASS 无与伦比的药用功能。以至于又过了半个世纪，这次实验的公式才被德国拜尔公司的化学家费里克斯·霍夫曼重新捡起。人们惊奇地发现，由 ASS 制成的阿司匹林具有出乎意料的止痛和退烧功能，而且没有明显的副作用。据统计，目前世界上约有四分之三的人都在使用阿司匹林。

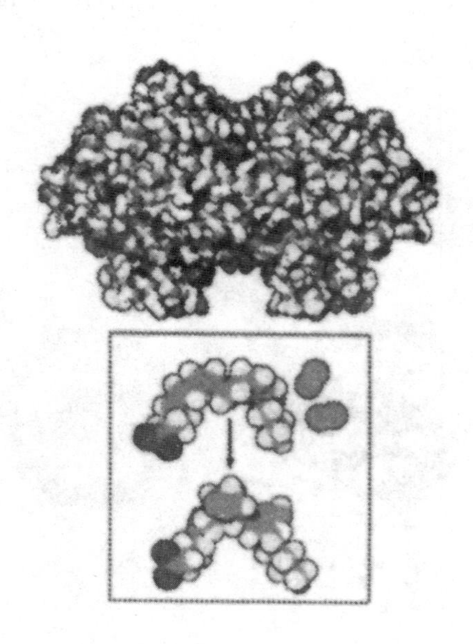

珠算的发明

对“珠算”使用的记载最早可以追溯到公元190年的中国东汉时期。《数术记遗》一书中曾记载了十四种上古算法，其中有一种便是“珠算”。据南北朝时数学家甄鸾的描述，这种“珠算”，每一位有五颗可以移动的珠子，上面一颗相当于五个单位；下面四颗，每一颗相当于一个单位。大约到了宋元时期，珠算盘开始流行起来。到了明代，由于实用数学和商业数学的发展，迫切要求计算简捷，速度加快，所以人们对珠算进行了改革，创造出各种各样的歌诀，也给珠算盘这一计算工具提供了大显身手的机会。据资料显示，明代的珠算盘与现代通行的珠算盘完全相同。珠算具有“随手拨珠便成答案”的优点，在几百年的时间里，中国的算盘都是计算速度最快的，现在技术熟练者用它计算仍然比使用电子计算器快。

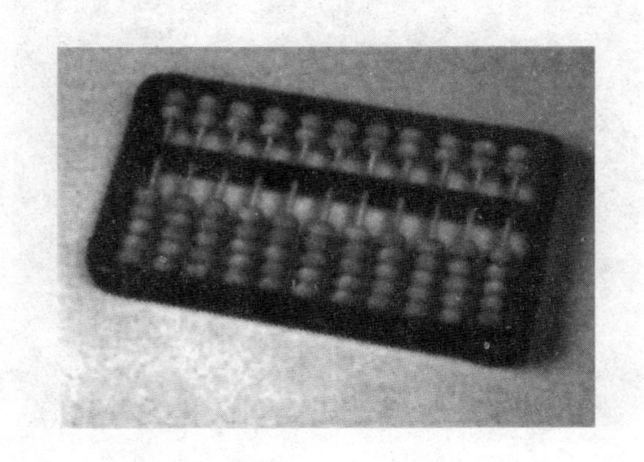

带刺铁丝网的发明

严格说来，这个发明的技术含量不高，但引起的争议却很大，因为这个发明最初的出现并不是为了阻挡人的进出，而是为了限制牛的出入。

19 世纪中叶，人们开始在美国的大草原上定居下来。对于小户农民来说，那是凭借自己的力量安家置业的一个机遇。但他们受到大规模的牲口牧场主的阻挠，这些大牧场主赶着自己的牲口穿越移居者的田地。但是要把这些牲口挡在外面，普通的栅栏不够坚固，无济于事。对于移居者来说，解决问题的办法只能是用带刺铁丝栏把自己的土地围起来。美国农夫约瑟夫 · 吉登发明了大规模制造这种带刺铁丝网的方法，并通过卖给美国农场而大发一笔。

条形码的发明

条形码最早出现在40年代末，但是得到实际应用和发展还是在1970年代左右。发明者乔·伍德兰德最初为这种以颜色和线条将商品分类的系统申请专利，但由于当时零售商并不信任这种技术，因此未能获得应用。20年后乔·伍德兰德成为IBM公司的工程师，发明通用产品码（Universal Product Code)，并成为北美统一代码UPC码的奠基人后，从此条形码时代才真正来临，现在几乎我们购买的任何产品都贴有这种黑线条码。条形码作为一种可印制的计算机语言，像一条条经济信息纽带将世界各地的生产制造商、出口商、批发商、零售商和顾客有机地联系在一起。

电池的发明

电池的发明要感谢一只青蛙。1791 年的一天，意大利科学家伽伐尼发现，只要用铜丝和铁丝将青蛙的脚与暴露的神经连起来，就能使死青蛙的腿抽动起来。伽伐尼的好友伏打对这个现象进行了深入研究。伏打还在自己身上做实验，证明电不仅能够产生颤动，而且还会影响视觉和味觉神经。后来，伏打通过进一步的实验研究，终于发现两片不同金属不用动物体也可以有电产生。1800 年，伏打用锌片与铜片夹以盐水浸湿的纸片叠成电堆，这种装置可以产生电流，后来被称为“伏打电堆”，也就是最早的电池。伏打电池的发明使得科学家可以用比较大的持续电流来进行各种电学研究。伏打的成就受到各界普遍赞赏，科学界用他的姓氏命名电压的单位，为“伏特”（“伏打”音译演变的），简称“伏”。

纽扣的发明

在我国服饰发展史上纽扣的出现较晚。考古发掘证明，明朝以前墓葬中出土的衣服，均没有纽扣，几乎全是“结带式”互相连接，古人称之为“结缨”。据《天水冰山录》记载，衣用纽扣是在16世纪末才被逐渐使用的。明末主要在礼服上使用，常服几乎不用。直到清代，纽扣才被人们广泛使用。古希腊人用原始的纽扣和套环固定束腰外衣，但是我们今天服装上的小小有孔塑料扣得以流行则归功于纽扣眼。

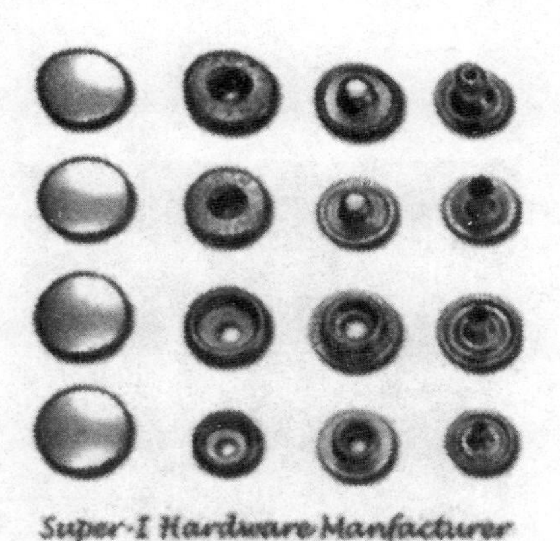

照相机的发明

一个不透光的盒子，这就是照相机。它的发明经历了漫长的岁月。

早在公元前四百多年，我国的《墨经》一书就详细记载了光的直线前进、光的反射以及平面镜、凹凸镜的成像现象。到了宋代，沈括所著的《梦溪笔谈》一书中，还详细叙述了“小孔成像匣”的原理。在16世纪文艺复兴时期，欧洲出现了供绘画用的“成像暗箱”。这时候的“摄影暗箱”虽具有照相机的某些特性，但仍不能称为照相机，因为它不能将图像记录下来。18世纪初中期，人们发现了感光材料，法国画家达盖尔公布了他发明的“达盖尔银版摄影术”，从此诞生了人类历史上第一架真正的照相机。而第一台全金属机身的照相机则是由光学家沃哥兰德于1841年发明的。

胶卷的发明

有了照相机，自然少不了胶卷。胶卷的发明者声名显赫，他就是柯达的创始人——美国的乔治·伊斯曼。

当时，照相摄影一直是在使用湿片，虽然湿片的制造比干版的制造要简单得多，但使用时却十分麻烦。伊斯曼从衣物受到湿片式照相药品的感染而变得污秽不堪中得到启发，研制出一种在玻璃上涂有明胶的感光剂的照相干片，并不断改进干片的制造技术，于 1888 年生产出了新型感光材料——柔软、可卷绕的“胶卷”，这是感光材料的一个飞跃。同年，柯达公司还发明了世界上第一台安装胶卷的小型口袋型照相机。

冰箱的发明

很长时间以来人们就懂得，冷的环境最有利食品的保藏。古代人们采用使用冰雪天然冷冻法保存食品，亚历山大大帝和尼罗王都曾用冰雪冷冻葡萄酒。不过聪明的古人还学会用硝石和硝酸铵等物质溶在水中，除去水中的热，使水温降低的冷冻方法。

一个在英格兰工作的美国人雅可比·帕金斯有了一个新发现，1834 年他发现当某些液体蒸发时，会有一种冷却效应。帕金斯要求一群技工来制造一个可证实这个想法的工作模型。果然，这个装置真的产生了一些冰。

德国工程师卡尔·冯·林德在 1879 年利用这种蒸发制冷的原理制造出了第一台家用冰箱。

现代的冰箱还是利用蒸发的原理，并加以控制，使其过程不断重复而已。

锁与钥匙的发明

锁是与人类私有制同时产生的。在母系社会晚期，人类为了保护自己的一点点的个人财产，用兽皮紧紧将财产包起来，再用绳子打上很多结，需要解开时就用兽牙将结一个个挑开，这就是最原始的锁与钥匙的雏形。早在公元前 3000 年的中国仰韶文化遗址中，就留存有装在木结构框架建筑上的木锁。东汉时，中国铁制三簧锁的技术已具有相当高的水平。三簧锁前后沿用了 1000 多年。

4000 年前，古代埃及人也已经知道用锁和钥匙来保护他们的财产。埃及锁装有一系列长度不一的锁销，它们与突出于钥匙外侧的销钉相匹配。只有那些销钉长度准确的钥匙才适合特定的锁。与现代的锁是用硬金属制造的不同，古埃及锁用木料做成的。

现代锁的兴起，首先是由 18 世纪英国人发明了“焊钧锁”。我们目前广泛使用的弹子锁，是美国人小尼鲁斯·耶鲁于 1860 年发明的。

火柴的发明

钻木取火的故事大家早已耳熟能详。

直至19世纪，才有人发明引火盒。盒子里面装有浸过硫酸的石棉，接着拿一根木条，沾上硫黄、氯酸钾和糖，当木条碰到硫黄，便会发生化学作用，发生火花。

但这种火柴仍相当笨拙，直至1827年，英国药剂师瓦克尔，用沾有化学药品的木条，在砂纸上一擦，就立刻产生火花。这就是世界上第一根摩擦火柴了。

可是早期生产的火柴有两个非常致命的缺点：黄磷非常稀少且遇热容易自燃，非常危险；黄磷是有毒的，造火柴的工人一不小心就会中毒身亡。在1852年经过瑞典人居塔斯托伦姆的改进，以磷和硫化合物为发火物，在涂上红磷的匣子上摩擦生火，安全程度大大提高。

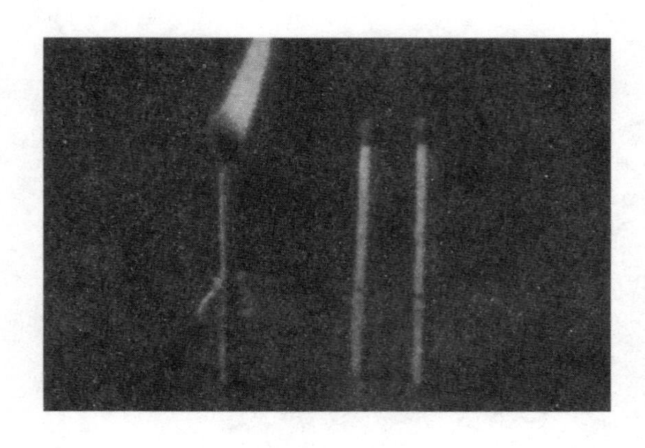

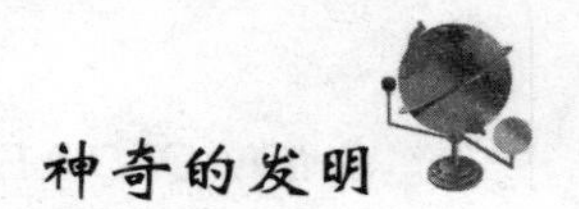

电视的发明

电视的诞生是20世纪最伟大的发明事件之一。1900年，电视——Television这个词首次出现。

英国科学家约翰·洛吉·贝尔德一直致力于用机械扫描法传输电视图像。1925年10月2日，他终于制造出了第一台能传输图像的机械式电视机，这就是电视的雏形。尽管画面上木偶面部很模糊，噪音也很大，但能在一个不起眼的黑盒子中看到栩栩如生的图像，已经引起了人们极大的兴趣。刚问世的电视被称为“神奇魔盒”。

1928年，贝尔德又开发出第一台彩色电视机，1930年他的系统开始试播有声电视节目。有声电视的试播，使“秀才不出门，能知天下事”的古老寓言成为现实。贝尔德也被后人称为“电视之父”。

印刷机和油墨的发明

中国人早在古代就发明了木版印刷，但率先造出新式印刷机的是德国工匠谷登堡。

谷登堡的最大贡献在于他不仅创造了铜字模，使活字达到了规范化的要求，而且使用了铅、锡、锑等合金铸造了软硬适度、成型美观的活字。同时，他还在欧洲压榨葡萄或湿纸所用的立式压榨机的基础上，研制成了世界上第一台木制印刷机。机器采用手动压印的方法，可以在纸张两面印字。

谷登堡还发明了印刷油墨。印刷油墨的发明大幅度地提高了印刷的速度和质量，为印刷的机械化作出了重大的贡献，使早期的近代印刷术臻于完善。

轮胎的发明

轮胎当之无愧地排在所有“最伟大发明”排行榜的前列。

使用轮子的记录可以追溯到公元前3500年左右美索布达米亚陶工所用的轮子。这是一个简单的旋转盘，陶器工人用它来制造光滑的圆黏土壶。约300年后，美索希达米亚人在车子上装上轮子，轮子交通时代开始了。

最早的车轮是马车上的实心木制车轮。公元前2000年左右，开始出现有轮辐的轮子。这种轮子比实心的轮子轻便，转得也比较快，适用在战车上。公元1800年前后，出现了用铁线做轮轴的轮子，它们更加轻便、坚固。随着橡胶的发明和广泛应用，轮胎的发展日新月异，直至充气轮胎的成功发明，汽车才真正穿上了现代化的“鞋子”。

阉割术的发明

我国商代甲骨文中就已有关于猪的阉割记载。《易经》中说："豮豕之牙吉。"意思是说阉割了的猪，性格就变得驯顺，虽有犀利的牙，也不足为害。《礼记》上提到"豕曰刚鬣，豚日腯肥"，意思是未阉割的猪皮厚、毛粗，叫"豕"；阉割后的猪，长得膘满臀肥，叫"豚"。在公元前200年左右，由于战争和骑战的盛行，马的阉割术也开始盛行于秦汉之交。

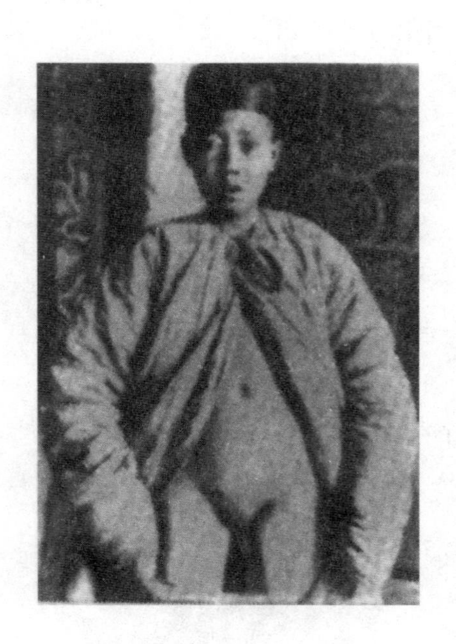

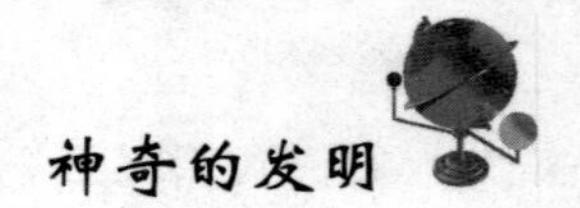

高跟鞋的发明

关于高跟鞋的由来，有两种说法。

一种说法是源于法兰西国王路易十四。当时，路易十四苦于自己身材矮小，不能在臣民面前充分显示他高贵的气度，便在鞋上做手脚，把鞋跟垫高几寸。朝中显贵上行而下效，也叫鞋匠替他们把鞋垫高，皇帝只好又把鞋跟再加高。后来男人开始厌恶了高跟鞋，但宫中的女人却保留了高跟鞋的样式。

还有一种传说是，15 世纪时威尼斯有个商人，外出时担心漂亮的妻子行为不端，就给妻子定做了一双后跟很高的鞋，以防止妻子外出。可妻子看到这双奇特鞋后，觉得十分好玩，就让佣人陪着她走街串巷，出尽了风头。人们觉得她的鞋很美，争相仿效。于是高跟鞋很快就流行开了。

靴子的发明

靴子，原为北方游牧民族所穿，又称“马靴”或“高筒靴”。相传靴的发明者为战国时代著名军事家孙膑。为纪念孙膑，旧时鞋匠们便奉他为制鞋业的始祖，设牌位，挂画像供奉。现存最早的靴，是新疆孔雀河古墓出土勒至胫的牛皮靴，可见3800余年前的新疆已出现了靴子。靴子的样式有很多，比如旱靴、花靴、皮靴、毡靴、单靴、棉靴、云头靴、鹅顶靴等等。

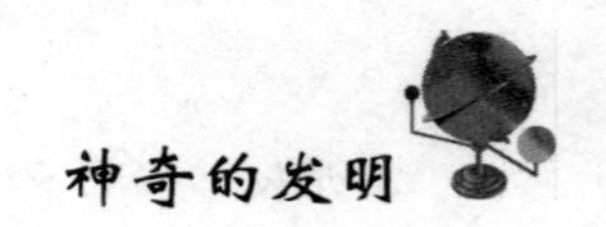

拉链的发明

拉链的出现是一个世纪之前的事。当时，在欧洲中部的一些地方，人们企图通过带、钩和环的办法取代纽扣和蝴蝶结，于是开始进行研制拉链的试验。

1893 年，一个叫贾德森的美国工程师，为了系紧高筒靴而研制了一个“滑动氏没紧装置”，并获得了专利，这是拉链的雏形。但这一发明并没有很快流行起来，主要原因是这种早期的锁紧装置质量不过关，容易在不恰当的时间和地点松开，使人难堪。1913 年，瑞典人松德贝克改进了这种粗糙的锁紧装置，使其变成了一种可靠的商品。

“拉链”名称的由来则是在 1926 年。一位叫弗朗科的小说家，在一次推广拉链样品的工商界的午餐会上说：“一拉，它就开了！再一拉，它就关了!”十分简明地说明了拉链的特点。拉链最先用于军装。第一次世界大战中，美国军队首次订购了大批的拉链用在士兵的服装上。但拉链在民间的推广则比较晚，直到 1930 年才被妇女们接受，用来代替服装的纽扣。

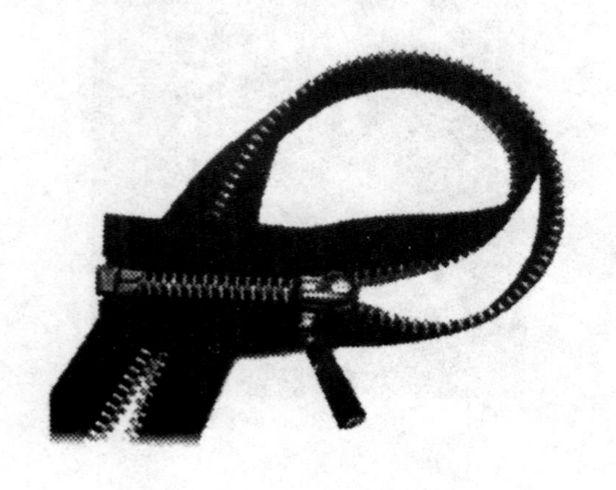

弓箭的发明

弓箭是中石器时代后期或新石器时代早期出现的工具。1963 年，在山西朔县峙峪村的旧石器时代晚期遗址中发现了一枚用燧石打制的箭镞。由此证明，中国先民最迟在距今约 2.8 万年，已经开始使用弓箭。

原始人类发现树枝弯曲后再伸展时具有弹射的功能，从而发明了弓。弯曲的树枝、藤条、竹皮，在伸展时都展现出一定的弹性，是制作原始弯弓的理想材料。制作弦的最初材料是细藤条、兽筋之类有韧性的东西。箭是用各种树枝或竹枝做成的。

在弓箭出现以前，人类使用的工具是比较简单的。而弓箭是一种复合工具，它的出现，是原始社会技术显著进步的一个标志。它射程远，命中率高，携带方便，大大加强了人类适应自然、改善环境的能力。

胸罩的发明

关于世界上第一只胸罩的发明，众说纷纭。人们普遍认为纽约社交界名人玛丽·雅各布是现代胸罩的发明者。她设计胸罩用以代替难看的紧身胸衣。1913年左右，雅各布买了一件极轻薄几近透明的紧身女子晚礼服，但是她那硬翘翘的有着绣花网眼的束腹胸衣却破坏了这件漂亮新衣的流畅线条。于是雅各布想了一个办法，她干脆不穿胸衣，用一对丝手帕和几根丝带缝制了一个简单的“胸罩”。1914年，她将这一简易发明申请了专利，从此胸罩成了全球妇女一日不可或缺的贴身良伴。

内衣罩杯的真正意义。

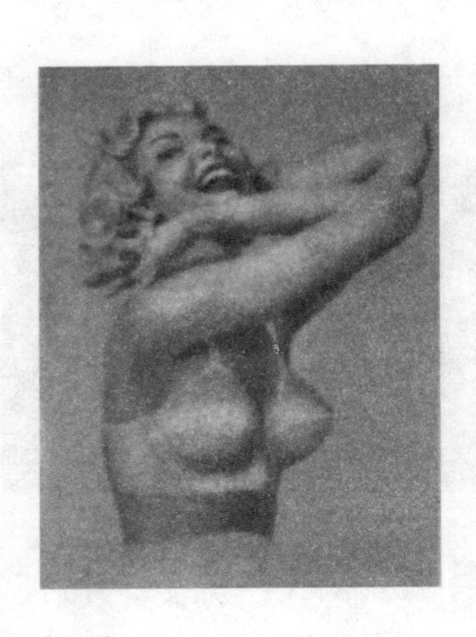

饺子的发明

饺子原名“娇耳”，是我国医圣张仲景首先发明的。

相传东汉末年，“医圣”张仲景曾任长沙太守，后辞官回乡。正好赶上冬至这一天，他看见沿途的老百姓饥寒交迫，伤寒流行，耳朵都被冻伤。张仲景总结了汉代300多年的临床实践，便在当地搭了一个医棚，支起一面大锅，煎熬羊肉、花椒和祛寒提热的药材，用面皮包成耳朵形状，煮熟之后连汤带食赠送给穷人。老百姓从冬至吃到除夕，抵御了伤寒，治好了冻耳。从此乡里人与后人就模仿制作，称之为“饺耳”或“饺子”等。

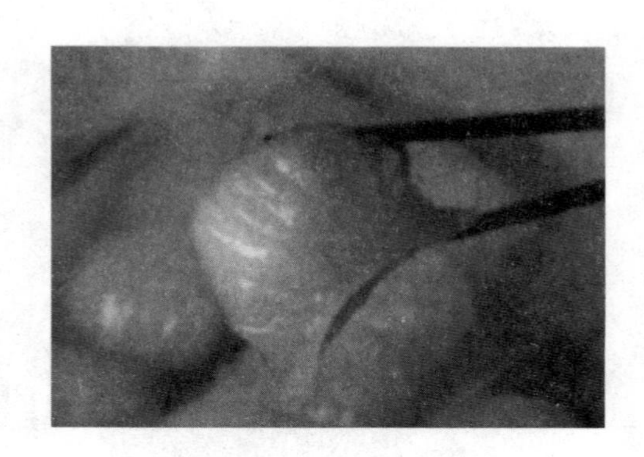

防弹衣的发明

防弹衣是一种单兵防护装具，它用于防护弹头或弹片对人体的伤害。

古代战争中主要使用矛、弓箭等冷兵器，士兵身披盔甲可有效地保护身体。进入火器时代后，盔甲便渐遭淘汰。第一次和第二次世界大战中，曾有一些国家研制和使用过钢或合金钢制作的胸甲和防弹衣。但由于过于沉重，步兵实际无法使用。

现代防弹衣的雏形出现于上世纪 50 年代的朝鲜战争期间。美军首先试验使用尼龙这类软质合成纤维材料制作防弹衣。但由于尼龙纤维的抗张强度所限，防弹衣重量需 4.5 公斤以上才能收到好的防护效果。其所带来的负担和闷热感，大大降低了士兵的作战能力。

直到上世纪 70 年代，终于出现了名为“凯夫拉”的防弹衣。它的重量轻，吸收弹片动能的能力是尼龙的 1.6 倍，是钢的 2 倍。

直至今日，军事专家们结合新的高新技术不断努力开发各种新型防弹衣。

望远镜的发明

17 世纪初的一天，荷兰小镇的一家眼镜店的主人利伯希为检查磨制出来的透镜质量，把一块凸透镜和一块凹镜排成一条线，通过透镜看过去，他发现远处的教堂塔尖好像变大拉近了，于是他在无意中发现了望远镜的秘密。1608 年他为自己制作的望远镜申请了专利，制造了第一个双筒望远镜。

望远镜发明的消息很快在欧洲各国流传开。意大利科学家伽利略得知这个消息之后，就自制了一个第一个折叠式望远镜，用以验证哥白尼的理论，并且率先用望远镜观测天上的星体。伽利略不仅看到了太阳黑子，还观测到了月球上的陨石坑。

而另外一种常见的望远镜——反射式望远镜，则是由大家熟知的牛顿所发明的。反射式望远镜的发明是为了要消除色差所造成的影像影响。

鼓的发明

传说公元前3500年中国人已使用鼓。最初做鼓的方法是用兽皮蒙在框架或容器上。到公元前1000年，美索希达米亚的苏默人制成了一人高的圆鼓，鼓身还绘有图画。后来人们又发明了小铜鼓和大铜鼓，15世纪骑兵用的大铜鼓，17世纪时开始为乐团采用。1692年蒲塞尔为“仙后”所作的配乐中就使用了今日人们称之为定音鼓的乐器。15世纪，军队的骑兵们已经开始使用铜鼓为军队振奋士气；17世纪时音乐家们开始尝试将鼓添加到乐团中来，组合音效。

圆珠笔的发明

在圆珠笔发明之前，写字是一种十分“冒险”的事情。用自来水笔写字，你必须经常把笔蘸到墨水瓶里灌水，还不得不忍受经常漏水的烦恼。

这些问题于1888年被一个叫做约翰·劳德的美国人解决了。他曾设计出一种利用滚珠作笔尖的笔，但他未能将其制成便于人们使用的商品。1936年，匈牙利的比罗在新闻印刷厂工作时，他发现印刷油墨干得很快而且不会弄脏稿纸，于是他决定制造一种使用同样油墨的笔。在身为化学家的兄弟乔治的帮助下，他们将一个小型的圆珠安装到钢笔上，利用球珠在书写时与纸面直接接触产生摩擦力，使圆珠在球座内滚动，带出笔芯内的油墨或墨水书写。从此，比罗圆珠笔诞生了。圆珠笔由于使用的是干稠性油墨，因此不渗漏、不受气候影响，并且书写时间较长，省去了需经常灌注墨水的麻烦，很快就在世界上流行起来。

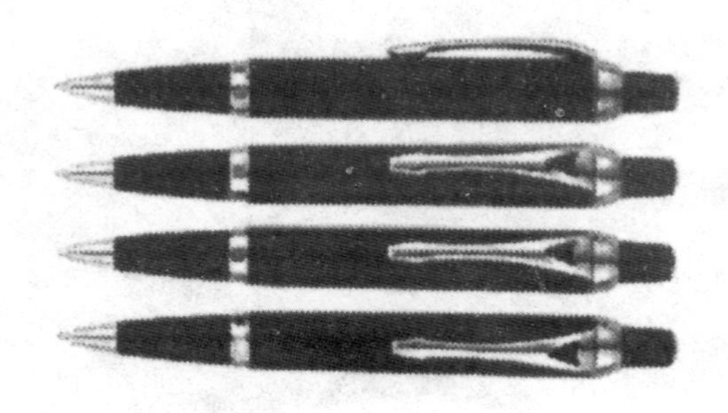

抽水马桶的发明

抽水马桶是谁发明的，连许多专家也说不清。一种说法是1596年英国贵族约翰·哈灵顿发明了第一个实用的马桶——一个有水箱和冲水阀门的木制座位，在此之前，不少人总是去最近的大树下和小河里就地解决。尽管哈灵顿发明了马桶，但由于排污系统不完善而没能得到广泛应用。1861年，英国管道工托马斯·克莱帕发明了一套先进的节水冲洗系统，废物排放才开始进入现代化时期。

英国发明家约瑟夫·布拉梅在18世纪后期改进了抽水马桶的设计。他采用了一些构件，诸如控制水箱里水流量的三球阀，以及保证污水管的臭味不会让使用者闻到的U形弯管等。他在1778年取得了这种抽水马桶的专利权。抽水马桶的一个重要特征是S形管，或者说下水道的存水弯，它总是保存一些水。这些水相当于一个密封垫，将臭味盖住。

马桶的发明真可以算得上是人类生活文明中的经典之作，在近几十年更是不断地推陈出新，有“行动马桶”、“非接触式马桶”、“电脑监控节水马桶”等等。随着高新科技的应用，现代马桶甚至可以检测使用者的血压、脂肪、心率和分析尿液，这些检测出来的数据还可以通过与马桶相连的网络，直接传送到医护中心。

睫毛膏的发明

最早的睫毛膏是在1913年伴随着一个浪漫的故事诞生的。美国化学家威廉姆斯为帮助他的妹妹Mabel赢得她苦苦相思的意中人的心，发明了一种让明眸俏丽的睫毛膏，让Mabel拥有了撩人的双眼，最终赢得了意中人。1917年，威廉姆斯，推出了世界上第一支管状睫毛液，而威廉姆斯也成了美宝莲公司的创始人。

1930年睫毛膏开始公开发售。但此时的睫毛膏膏体又浓又稠，对上妆的手法要求极高。科学家们加入蜂蜡、弹性纤维质等成分，使睫毛膏开始变得易于使用。1970年，随着防水睫毛膏的诞生，油性的睫毛膏卸妆液也面世了。

1956年，Helena Rubinstein设计出全球第一支管状睫毛膏Mascare Matic，并研制出精致易用的睫毛刷头。它的诞生改写了睫毛膏的设计概念。这款产品到了1964年，经改良成为全球历史上第一支具备拉长睫毛功效的纤维睫毛膏。

苹果电脑的发明

在20世纪70年代的时候，虽然计算机问世已有30余年，但是在大众眼中计算机还是一部冷冰冰的机器。当时很多年轻人希望改变这种状况，希望计算机能够成为人们的一个助手、一个伙伴。就是这样，两个梦想改变世界的年轻人——斯蒂夫·乔布斯和斯蒂夫·沃兹涅克在车库中创建了自己的公司——苹果电脑公司。这个决定改变了计算机发展的历史。

1976年，公司成立后不久，苹果电脑公司就推出了世界上第一款个人电脑：Apple I。紧接着Apple II系列也出现在电脑商店的柜台上。Apple II系列个人电脑在让苹果公司获得巨大的经济利益的同时还创立了个人电脑这样的概念。值得一提的是，在那个时候IBM还没有进入个人电脑市场，在个人电脑这个领域，苹果一家独大。

但是Apple I/II所采用的操作系统是基于字符界面的。既没有图形界面的概念，也没有鼠标。那个时代是字符的世界。随着Apple Ⅱ的大获成功，苹果公司开始加紧了新产品的开发进程。其中最重要的两个项目是由乔布斯负责的Lisa项目和由拉斯金负责的Macintosh项目。

1983年，世界上第一台采用图形界面的个人电脑Lisa面世了，当时其售价为9998美元。虽然Lisa在技术上是先进的，但在市场表现上却不能让人满

意。这时，Lisa 的继承者 Macintosh 横空出世了。至此，苹果电脑的历史翻过了厚重的一页，苹果电脑的古代史进入了苹果电脑的近代史。Macintosh 的操作系统 System 1.0，尽管只能显示黑白两色，但是已经具有了桌面、窗口、图标、光标、菜单和卷动栏等项目。当日历翻到 1991 年的时候，Macintosh 操作系统已经具有了 256 色的图标，苹果终于变成彩色的了。2000 年后，人们在 HacWorld 的展览会上第一次看到了 MAC 0S X。MAC OS X 一公开就获得了人们的一片惊叹声。从那时开始直到现在 MAC OS X 一直是苹果电脑用户心目中的最佳。

吸管的发明

吸管是美国的马文·史东在 1888 年发明的。

19 世纪美国开始流行喝冰凉的淡香酒。为了避免口中的热气减低了酒的冰冻劲，因此喝时不用嘴直接饮用，而以中空的天然麦秆来吸饮。可是天然麦秆容易折断，它本身的味道也会渗入酒中。当时，美国有一名烟卷制造商马文·史东从烟卷中得到灵感，制造了一支纸吸管。试饮之下既不会断裂，也没有怪味。从此，人们不只在喝淡香酒时使用吸管，喝其他冰凉饮料时，也喜欢使用纸吸管。塑胶发明后，纸吸管便被五颜六色的塑胶吸管取代了。发明人却没有申请专利。

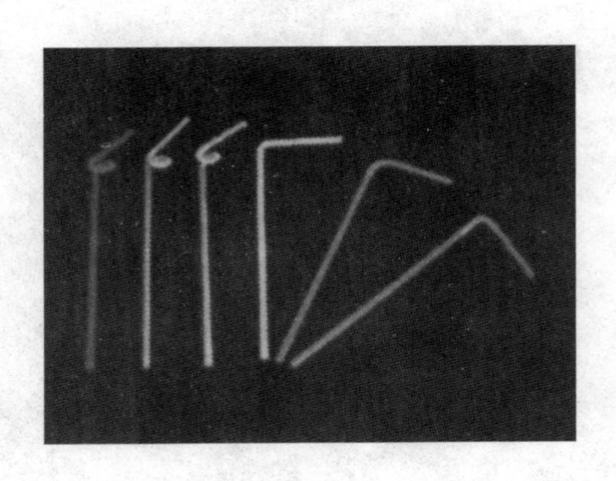

橡皮擦的发明

橡皮能擦掉铅笔字，这是 1770 年英国科学家普里斯特首先发现的。在这以前，人们是用面包擦铅笔的。普里斯特的这个发现引起了很大的轰动，因为它给人们带来了极大的方便。不过最早的橡皮是用天然橡胶做的，擦字时不掉碎屑，只是把铅笔末粘在橡皮上，越擦越脏。后来，人们在制作橡皮时加入了硫黄和油等物质，使橡皮很容易掉屑，被擦掉的铅笔末随着碎屑离开橡皮，这样一来，橡皮能经常保持干净，也不会把纸弄脏了。

自来水龙头的发明

在 1937 年，Alfred H. Moen 还是华盛顿大学的学生。为了支付学费，Alfred M. Moen 在学校打工作清扫工作。有一天傍晚当他在清扫最后一个洗手台的工作时，出现了很大的危险。他用双手转开传统式的双把水龙头，热水突然向他冲过来。这种危险的状况让 Alfred M. Moen 觉得恐惧，而后他就一直思考要如何解决这个问题。他觉得应该制作一种可以单手控制水量及水温的水龙头，于是他改修机械工程课，后来经过不断的尝试画图，才有了现在的单把水龙头的前身。

注射器的发明

早在15世纪意大利人卡蒂内尔就提出注射器的原理。但直到1657年英国人博伊尔和雷恩才进行了第一次人体试验。法国国王路易十六军队的外科医生阿贝尔也曾设想出一种活塞式注射器。但是一般认为法国的普拉沃兹是注射器的发明者。他于1853年监制的注射器是用白银制作的，容量只有1毫升，并有一根车有螺纹的活塞棒。

英国人弗格森发明了玻璃注射器。玻璃透明度好，可以看到注射药物的情况。现在用的注射器用塑料制造，用一次即扔掉，大大减少了注射时发生感染的危险性。

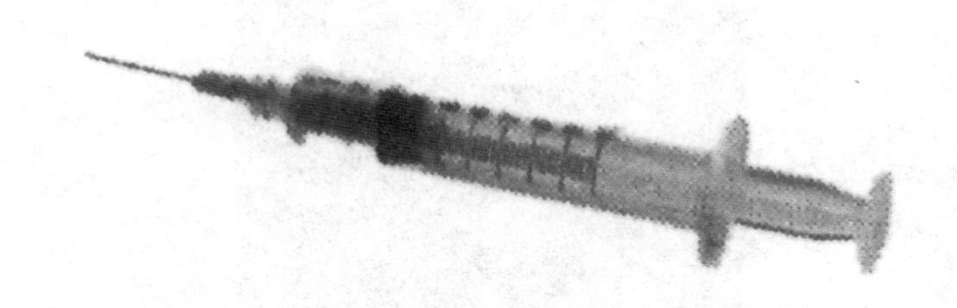

手表的发明

手表是尽人皆知的日用品，人类第一块手表问世至今已有 200 年。据考证，手表的原创者竟是法兰西皇帝拿破仑。1806 年，拿破仑为了讨皇后约瑟芬的欢心，命令工匠制造了一只可以像手镯那样戴在手腕上的小“钟”，这就是世界上第一块手表。

另外一个关于手表发明的版本则是：第一次世界大战期间，一名士兵为了看表方便，把表绑扎固定在手腕上，举起手腕便可看清时间，比原来方便多了。1918 年，一个名叫扎纳 · 沙奴的瑞士钟表匠，听了那个士兵把表绑在手腕上的故事，从中受到启发。经过认真思考，他开始制造一种体积较小的表，并在表的两边设计有针孔，用以装皮制或金属表带，以便把表固定在手腕上，从此，手表就诞生了。

十字螺丝刀的发明

十字螺丝和十字螺丝刀是由亨利·飞利浦（Henry Phillips）在上个世纪30年代发明的。首先使用在汽车的装配线上。所以十字螺丝和十字螺丝刀也被称为飞利浦螺丝和飞利浦螺丝刀。

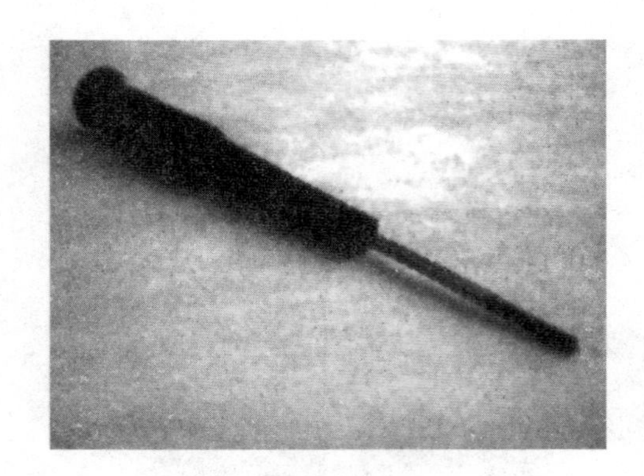

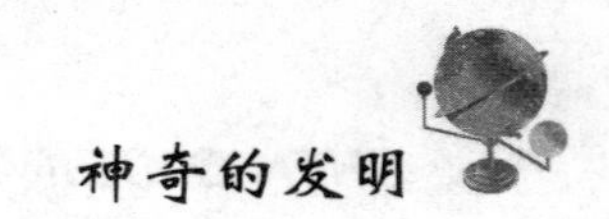

创可贴的发明

在20世纪初，埃尔·迪克森太太刚结婚，对烹调毫无经验，常在厨房切着手或烫着自己。埃尔·迪克森那时正在一家生产外科手术绷带的公司里工作，他想，要是能有一种包扎绷带，在太太受伤而无人帮忙时，她自己能包扎就好了。

于是，他开始做起实验。他考虑到，如果把纱布和绷带做在一起，就能用一只手来包扎伤口。他拿了一条纱布摆在桌子上，在上面涂上胶，然后把另一条纱布折成纱布垫，放到绷带的中间。他又发现，做这种绷带的粘胶暴露在空气中时间长了就会干。迪克森试了许多不同布料盖在胶带上面，期望找到一种在需要时不难揭下来的材料。最终迪克森找到了合适的材料。当迪克森太太又一次割破手时，就自己揭下粗硬纱布，把她聪明丈夫发明的绷带贴在伤口上。

迪克森发明的这种备好的绷带使他工作的美国J&J（强生公司，Johnson &Johnson）公司发达起来。公司的主管凯农先生将它命名为Band - Aid。Band指的是绷带，而Aid是帮助急救的意思。以后，J&J公司就把Band - Aid作为各种急救和手术绷带产品的名称，后来也成了绷带的同义词。

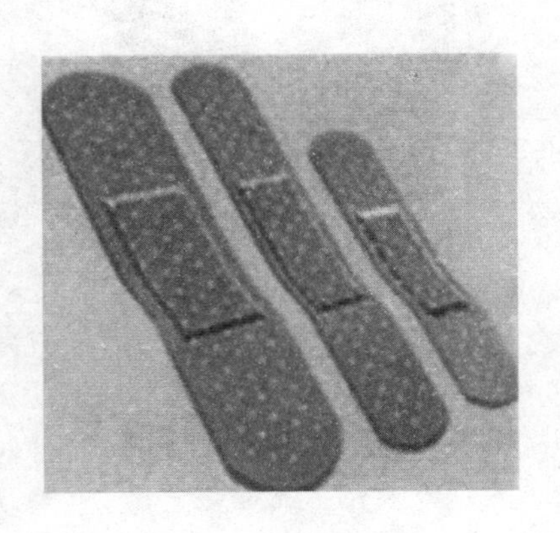

戒指的发明

馈赠钻石婚戒作为对婚姻的承诺的象征，起源于15世纪，当时的人们认为钻石具有某种魔力，能令丈夫爱护妻子，甚至传说爱神丘比特的箭头也镶嵌带有魔力的钻石。1477年，奥地利大公麦西米伦与法国勃艮地玛利公主定亲前，公主接到了对方的书信，要求公主在定亲之日戴上麦西米伦送给她的镶有钻石的黄金指环。从此，钻戒成为了定情信物。

17世纪时，结婚戒指多戴于大拇指。如今人们习惯将钻戒戴在无名指，这其中的演变也有一个浪漫的传说。古埃及的人们认为无名指的血脉直通心脏，这条筋脉被人们称为“爱情之脉”。如今，璀璨生辉的钻戒作为订婚的最佳信物，被人们认为是恒久爱情的象征。

剪刀的发明

剪刀已成为人们日常生产生活不可或缺的工具。刀、铲等工具使不上力的时候，剪刀能轻而易举地解决。小刀为古人切、削、裁、割之用，然而，在对切割棉帛丝线之类细软之物就会感到不便。于是古人在实践中就用两把小刀相对而切，这样丝帛之类就容易断开。就这是“剪”的动作起源，剪刀的雏形也这样形成了。汉字“剪”的象形意思就是“刀前还有一把刀”。到了唐代，剪刀的运用已十分普遍，材质也从青铜发展到银、铜、铁皆有。而后剪刀的造型发展成为剪刃末端相叠，由一颗销钉相连，每片剪刀都有独立的圈形柄，以便两指套进，用手指开合而剪。这就是现代常用的剪刀了。有另一种说法则是达·芬奇发明了剪刀，但这种说法无据可查。

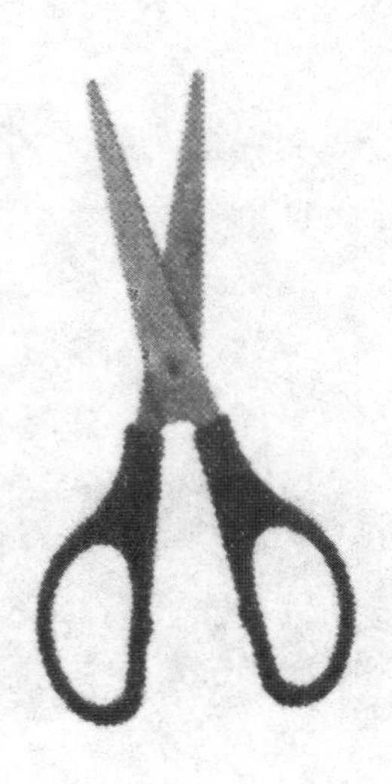

梳子的发明

梳子的发明，早在4600百年前的上古时期就完成了，据说梳子是炎帝身边一个名叫赫廉的人发明的。

赫廉是巧手匠人，他看到人们头发乱蓬蓬的不好看又碍事，便找来兽骨，模仿人的手指做了一把五指梳献给炎帝。炎帝一试之下发现头发顺了惊喜不已，命令赫廉进一步改造以便推广民间。后来战争爆发，北方的部落首领轩辕大举进攻，赫廉也被俘。但他不泯创造之心，夜深人静还在研究梳子。监工后发现上报首领，说他私造“怪物”图谋不轨，赫廉就这样被打入死牢。看守皇甫同情赫廉，提议将梳子制作出来送给轩辕的妻子螺祖娘娘，也许有救。

赫廉连夜赶制了一把木梳，由皇甫冒着生命危险送给了嫘祖娘娘，并说明梳子的用途。缧祖娘娘欣然而试，顺势挽了一个发髻。轩辕见之非常惊讶妻子如此的美丽，对之赞叹不绝，当即下令释放赫廉并重赏他，但可惜赫廉已经被斩首。

轩辕为挽回自己的过失，追封赫廉为梳子的始祖。并且命令皇甫承传梳子手艺，推广民间，而使梳子传世至今。

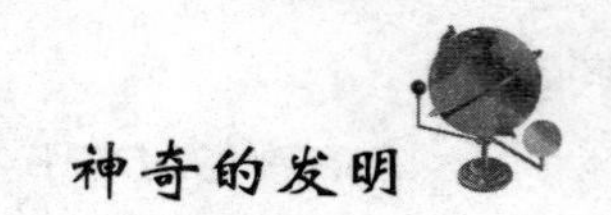

订书机的发明

最早的订书机不是一种办公室里的用品，它是为印刷工业而开发的。

装订图书的传统方法是按照“贴码”将书页缝合起来。这是一个相当复杂的工序，许多装订工人都试图寻找用小段弯铁丝来进行装订的办法。

1869 年，美国马萨诸塞州的托马斯·布里格斯发明了一个能担当此任的机器。他的机器将铁丝轧断并使它弯成 U 形，然后用它来钉穿书页，最后再弯一下将书恰当地固定好。

因为操作步骤太复杂，布里格斯又将制造工序做了改进。首先将铁线轧断并弄弯，做成一串“U”形订书钉，这些钉子又被装进一个简单的机器里，可以把钉子嵌入纸张中去。这个机器就是如今人们常用的订书机的原型。

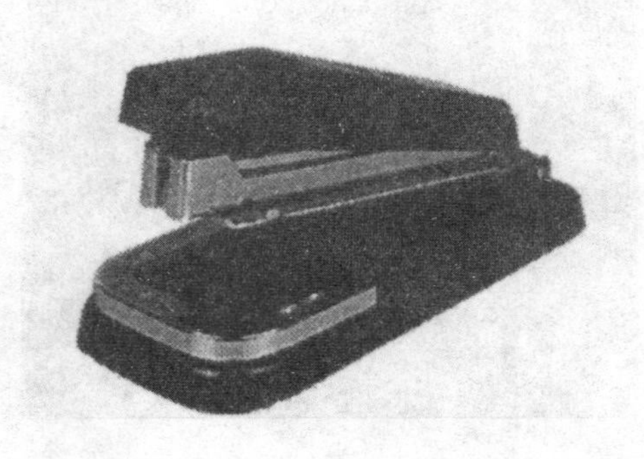

牙签的发明

牙签其实是一种重要的口腔卫生用具，有人认为它可能与佛祖释迦牟尼给弟子们传授卫生有关。牙签与牙刷在早期都被称为“杨枝”，起源于印度。传说佛祖释迦牟尼向弟子们讲道时，发现围在他四周的弟子们在开口说话时都有口臭的毛病，于是释迦牟尼给他们另外教授了卫生课。他说：“汝等用树枝刷牙，可除口臭，增加味觉，可得五利也。”释迦牟尼当时在菩提树下弘扬佛法，顺便教导弟子们消除口臭的方法。由此推算，早在两千年前，印度人已经懂得用树枝或木片，当作牙刷来清洁口腔。

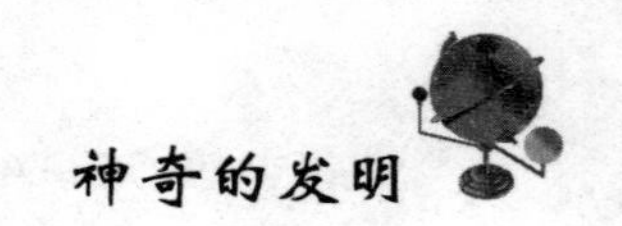

拖鞋的发明

关于拖鞋，清朝人徐珂认为：“拖，曳也。拖鞋，鞋之无后跟者也。任意曳之，取其轻便也。”这种“任意曳之”的定义，正反映出拖鞋无拘无束极其休闲的精神。

而最初载入史书的“拖鞋”，只是出于对死者的悼念，与休闲无关。据东方朔《琐语》载：“春秋时介之推逃禄自隐，抱树而死，文公抚木哀叹，遂以为屐。”

二十世纪50年代，第一双塑料拖鞋在法国问世，这是拖鞋史上的一次革命运动。时至今日，塑料泡沫仍是制造拖鞋的主要材料。泡沫拖鞋，廉价而且耐用，让拖鞋更加“平易近人”。

回形针的发明

回形针似乎是所有发明中最简单的一种，它不过是一小段夹纸的弯曲金属丝。但回形针在制成我们如今所使用的形状以前却经过了多次反复的设计。过去人们经常用针来把他们的纸页固定在一起。但针损害纸张，还会因刺破手指而伤害使用者。

一名叫做约翰·瓦勒的挪威发明家于 1901 年提出了金属丝纸夹的专利申请。但是，所有这些早期纸夹都夹存在着一些问题。当推动夹子时，突出的金属丝末端会刺到纸里而戳破纸张，对纸张造成的损害甚至超过了针。后来，美国康涅狄格州沃特堡的工程师威廉·米德尔布鲁克在 1899 年发明了一部使金属丝纸夹弯曲的机器。由于他的机器所制成的纸夹有一个双重环圈，所以很像我们现在使用的回形针。

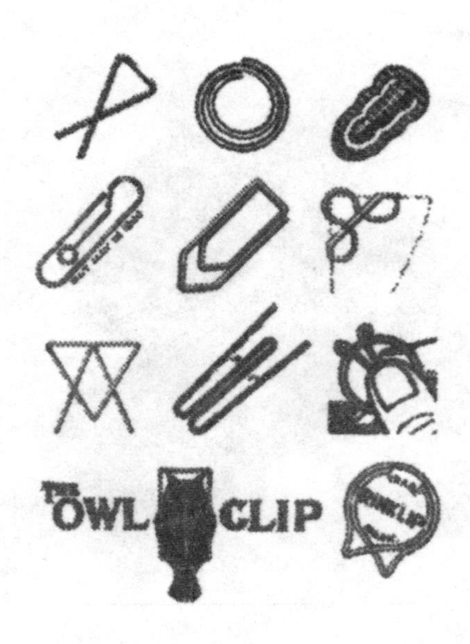

日历的发明

日历，又叫太阳历、万年历。

万年历的由来，要追寻到远古时代的西周。一名叫做万年的樵夫，在一天上山砍柴休息时发现地上的树影已悄悄地移动了方位。万年灵机一动，想到利用日影的长短来计算时间。万年为此设计了一个“日晷仪”。可是遇上阴雨天，日晷仪又失去了效用。万年又受到崖边泉水有节奏的规律的滴水声的启发，设计了一个五层的漏壶，利用漏水的方法来计时。经过长期的归纳，他发现每隔三百六十多天，天时的长短就会重复一次。只要搞清楚日月运行的规律，就不用担心节令不准。万年带着自制的日晷仪及水漏壶去觐见天子祖乙，说明节令不准与天神毫不相干。祖乙大加赞赏，令万年专心致志的研究时令。又经过了数十个寒暑，万年精心制定的太阳历终于完成了，他也因心力交瘁变成了一个白发苍苍的老人。祖乙深受感动，把太阳历定名为“万年历”，并封万年为“日月寿星”，“万年历”由此而来。

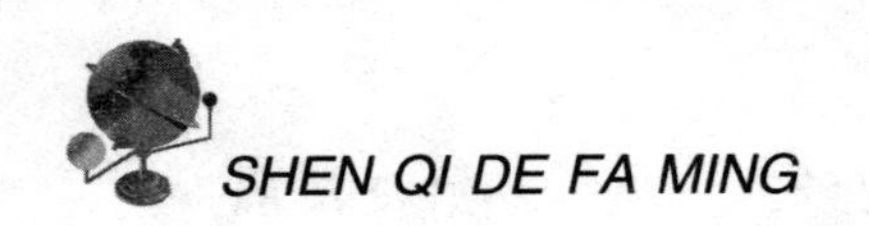

剃须刀的发明

吉列剃须刀是现在著名的品牌，实际上剃须刀就是由美国的吉列发明的。

1895 年的一天，吉列走进了一家理发店。大家正在谈起只要一提起刮胡须就害怕，并经常被刮出血的事情。“要是有一种安全剃须刀就好了。”理发师的无心之言让吉列意识到，如果发明一种新式的安全剃须刀，肯定有销路。回家后，吉利便潜心做起了实验。磨好刀片后，他先在自己脸上试，而后在兄弟、朋友的脸上试，大家的脸上都留下了布满刀口的光秃秃的下巴。然而，一年多过去了，实验成果仍然不理想。在著名发明家尼卡松鼓励帮助下，吉列终于制成了一种“T”字形的剃须刀。这种剃须刀的刀刃很薄，很锋利，但在刮胡须时，它能随着接触面变换角度，因而不会伤人。1901 年，吉列为自己发明的安全剃须刀申请了专利，同时开办了世界上第一家经营这种剃须刀的公司。

三明治的发明

三明治是西方一种基本食品，以两片面包夹几片肉和奶酪，再配以各种调料制成。其吃法简便，其历史几乎与面包一样古老，但命名却是13世纪的事情。三明治本是英国东南部一个不大出名的小镇，镇上有位伯爵名叫约翰·蒙·塔古，他吃喝玩乐，嗜赌如命，整日废寝忘食地玩桥牌。跟差很难服侍他的饮食，情急之下干脆将肉、蛋、菜夹在面包片中，让他拿在手上边赌边吃。约翰·蒙·塔古伯爵感觉此吃法十分方便，顺口便将这种快餐叫做“三明治”。其他赌客也学伯爵的样子，省去进餐的工夫，保证赌事不间断地进行。随后三明治名扬英伦三岛，传遍欧洲大陆。

热水器的发明

在19世纪70年代，英国人Maughan发明了第一台自动热水器。人们对Maughan的发明所知甚少，然而，他的发明却影响了埃德温·路德的设计。

1889年，一名名叫埃德温·路德的挪威机械工程师发明了自动储水式电热水器。路德后来移居美国匹兹堡，进行了早期住宅及商业热水器的开发，并创立了路德制造公司。

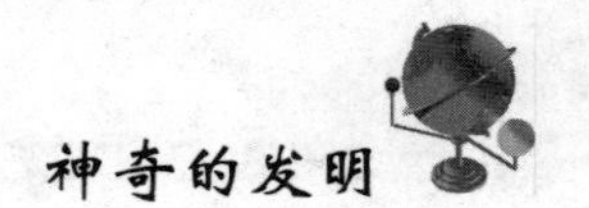

面包的发明

传说公元前2600年左右，有个埃及奴隶在一天晚上为主人用水和面粉做饼，饼还没有烤好他就睡着了，炉子也灭了。夜里，生面饼开始发酵、膨大，等到这个奴隶一觉醒来时，生面饼已经比昨晚大了一倍。他连忙把面饼塞回炉子里，生怕别人知道他昨晚偷懒睡觉的事情。可是后来等这个面饼烤好后，奴隶和主人都发现那东西又松又软，比他们过去常吃的扁薄煎饼好吃很多。原来是生面饼里的面粉、水和甜味剂（蜂蜜）在空气中暴露了一段时间后，温暖的环境让酵母菌滋生并进行了发酵反应。后来埃及人开始不断进行发酵实验，致使世界上第一代职业面包师就出现在埃及。

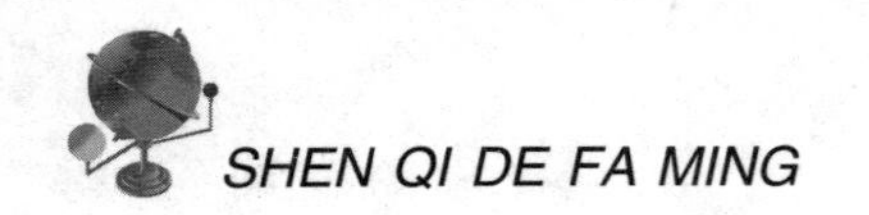

互联网的发明

博纳斯·李被认为是世界互联网的发明者。博纳斯·李于1990年在欧洲核研究所任职期间发明了互联网。互联网络使得数以亿计的人能够利用浩瀚的网络资源。博纳斯·李并没有为自己的发明申请专利或是限制它的使用，而是无偿地向公众公开了他的发明成果，这也使得网络以前所未有的速度获得发展。如果没有博纳斯·李的发明，也就没有今天的“WWW”网址。互联网可能还只是少数几个计算机专家的特有领域。

电话的发明

众所周知发明电话的人是贝尔。

贝尔1847年生于英国，年轻时跟父亲从事聋哑人的教学工作，他曾想制造一种让聋哑人用眼睛看到发声的机器。1873年，成为美国波士顿大学教授的贝尔，开始研究在同一线路上传送许多电报的装置，并萌发了利用电流把人的说话声传向远方的念头。1875年一天，贝尔和他的助手华生分别在两个房间里试验电报机，一个弹簧发生的振动使得另一个弹簧也颤动起来，还发出了声音，这是电流把振动从一个房间传到另一个房间。贝尔的思路顿时大开，他由此想到：声音将引起铁片振动，铁片的振动势必在电磁铁线圈中产生时大时小的电流，这个波动电流沿电线传向远处，远处的类似装置上就会产生同样的振动，发出同样的声音，这就是电话。1876年3月7日，贝尔成为电话发明的专利人。

吸尘器的发明

英国的 Hurbert Booth（赫博特·布斯）在一次用餐时用嘴试图吹掉椅背上的大量灰尘，结果被呛得难以呼吸，从而产生了发明吸尘器的想法。但当时的吸尘器是一个庞然大物。它有一个气泵、一个装灰尘的铁罐和过滤装置，这些装置都安装在一辆推车上，由两个人共同操作。

布斯的吸尘器虽然有很大的威力，但体积庞大不利于操作。1908 年，美国人 James Spangler 根据布斯吸尘器的原理，用一个小型马达带动一个抽气机，并且在吸气口安置了一个会旋转的刷子，使被刷子刷下的灰尘能够被吸入吸尘器内部。他将这一专利卖给了皮革厂商胡佛，胡佛的小型吸尘器一经问世，就受到大众的热烈欢迎，成为今天家庭必备的清扫工具。

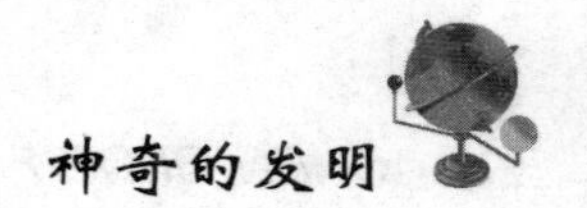

遥控器的发明

遥控器是为懒人设计的，这句话一点也不假。世界上第一个遥控器的名字就叫“懒骨头”，不过那时候的遥控器可不是无线的，而是拖着一根长长的难看的尾巴。直到1955年，这个尾巴才去掉，诞生了世界上第一个无线遥控器。发明者是美国Zenith电子集团的工程师阿德勒和波利，两人亦因此共同获得艾美奖。阿德勒曾经回忆说当年收到公司指示，与数十名工程师一起商讨如何能令观众不用离开座位就可以转换电视频道。据说，公司下达这个指示是因为英国女王陛下的请求。

如今的遥控器已经深入到我们的生活里，空调、音响、汽车……凡是需要人伸手才能完成的功能，如今只需手指轻轻一点，无不说明科技对人生活的影响。

拔河的发明

早在春秋战国时，楚国为了攻打吴国，曾使用了一种一端带有钩子的拖绳，用来拖拉敌人的战车和战船。平时，即用此绳来训练士兵“退则钩之，进者牵之”。这种“牵钩”的军事训练，即是拔河运动的最早形式。

到了唐代，拔河运动进入了兴盛时期。大绳中立大旗为界，震声叫噪，使相牵引，以隙者为胜，进者为输。

唐玄宗喜欢拔河，他举办的拔河比赛，据称挽者至千人，喧呼动地，蕃客庶士，观者莫不震惊。为此，进士薛胜，曾写了一篇《拔河赋》，来描述热闹的拔河竞赛盛况。

民间的拔河活动则更为普遍。据记载，在襄阳（今南阳）一带，常常在每年的正月十五日举行正式的拔河比赛。古时拔河所用器材都很简单。据《封氏闻见记》说最初用的是蔑绳，后改为大麻绳。在唐代这种麻绳长四五十丈，大绳两边各系着小绳索数百条，供拔河者手挽。

随身听的发明

随身听，非常贴切的名字。大多数人都认为发明者是最早生产“随身听”的厂家——索尼公司。但据英国《独立报》报道，德国发明家安德烈亚斯·帕维尔才是“随身听”的“始祖”。帕维尔是名立体声发烧友。20 世纪 70 年代，帕维尔最先提出了“立体声带”（stereo belt）的设计理念，并将其称为“个人佩戴的立体声系统”。1977 年，帕维尔以“便携式录音高保真小型再现系统”为名提出专利申请，并在 1978 年 3 月在英国取得了专利。帕维尔随后制作了一些样板产品，但并没有将它们推向市场。

两年后，索尼公司对同一技术加以改进，最终生产出流行全球为人熟知的“随身听”。

磁带录音机的发明

世界上第一台留声机是爱迪生发明的，爱迪生在里面录下了他着急朗读的童话，如果没有那台留声机，谁会想到可以记录声音信息呢？不过再后来，真正让录音机广泛普及的是美国的无线电爱好者马文·卡姆拉斯，是他想到了用磁头去改良金属记录针的方法。马文采用完整的磁圈作为磁头，设计钢丝穿过线圈，并与磁圈保持一定间隔，这样就能利用钢丝周围的空气间隔进行录音。因为这一层气隙包围在钢丝的表层，所以它是均匀的，避免了录音不均衡的现象。

此后，马文又对这台录音机进行了改进，并制成了又轻又薄的塑料磁带。此后，他还发明了“高保真多频道立体声”放音装置。

葡萄干的发明

一般人都认为葡萄干是中东人发现的，其实真实情况并不是这样想当然的。1873年9月，一次大热浪袭击了中东地区。虽然当地是盛产葡萄的佳地，但是果农们却对已经干皱的葡萄愁眉苦脸。来自美国加州的食品商却发现干皱的葡萄竟然是美味的干果，于是这偶然的发现竟促成了加州的一个主要产业的兴起。

晶体管的发明

1947 年 12 月，美国贝尔实验室的肖克莱、巴丁和布拉顿组成的研究小组，研制出一种点接触型的锗晶体管。晶体管的问世，是 20 世纪的一项重大发明，是微电子革命的先声。晶体管出现后，人们就能用一个小巧的、消耗功率低的电子器件，来代替体积大、功率消耗大的电子管了。晶体管的发明又为后来集成电路的诞生吹响了号角。

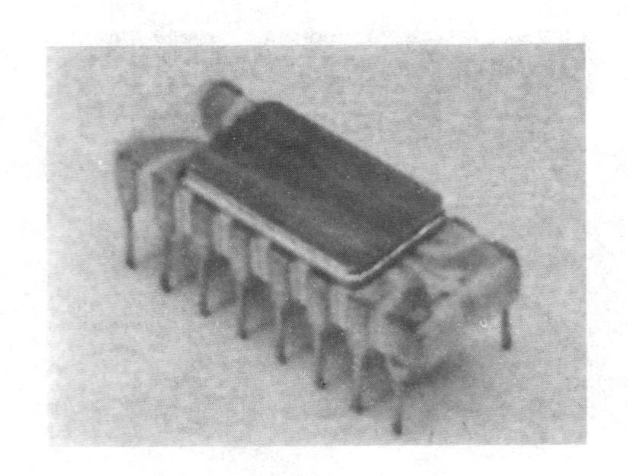

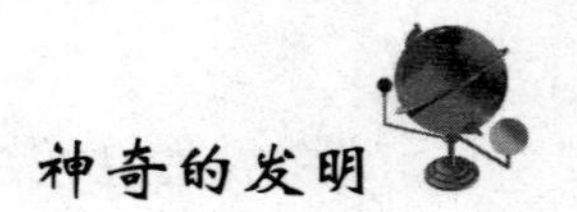

假牙的发明

假牙最早是几千年前由居住在意大利西部的伊特鲁利亚人发明的，他们将黄金或骨头做成假牙，镶在好牙齿之间。1770 年，法国人开始用瓷制作假牙，这种亮闪闪的牙齿不会生锈。这种瓷质假牙今天依然在使用，特别是用于镶嵌单个的假牙。装假牙的人中最著名的要数美国的总统乔治·华盛顿了，他的假牙是用一块象牙刻出的整排牙齿。这种材料当时不算太贵，除了象牙以外，其他的制作假牙材料还有海象和河马的牙齿。在过去，人们戴上假牙吃东西很困难，他们通常是先把假牙摘下了再吃东西。由查尔斯·古德耶尔发明的硫化橡胶改变了这一切，这一橡胶正是制作牙托的理想材料，而且很便宜。现在我们已经能用模子制出任何形状的假牙，以适合每个人的口腔。随着时代的发展，人们开始用赛璐珞和塑料来制作假牙，这些材料做出的假牙不仅形状与真牙一样，就连颜色也相同。

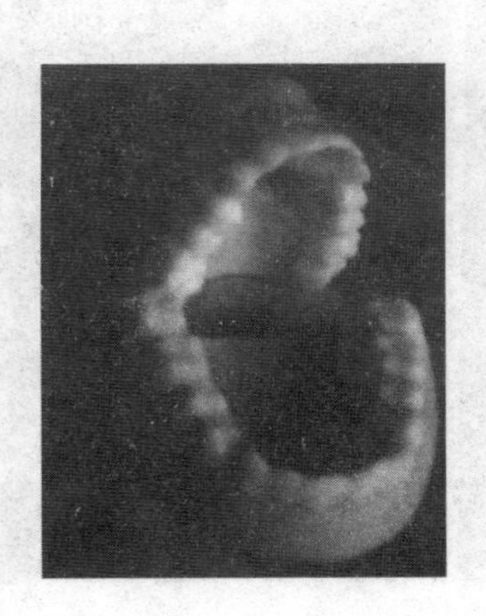

牙刷的发明

我国是世界上最早发明并使用牙刷的国家。据考证，辽代应历九年（959年）就有了植毛牙刷。到赵匡胤建宋（960年）之后，史书上关于牙刷的记载便多了。周守忠撰写的《养生类纂》一书中就载有："早起不可用刷牙子（即牙刷），恐根浮并牙疏易摇，久之患牙痛。盖刷牙子皆是马尾为之，极有所损"，可见当时已从植毛刷发展到马尾刷。由于牙刷制造粗陋，人们对它的作用认识很不够。到了元代，人们才渐渐重视起来。有个叫郭钰的诗人写诗赞道："南州牙刷寄来日，去垢涤烦一金值！"

在欧洲，最早的牙刷于1780年问世，用的原料是骨柄鬃毛。1840年之后，欧洲才大量生产牙刷，稍后传到美洲大陆。欧洲人使用牙刷至少比我国晚了700年左右。

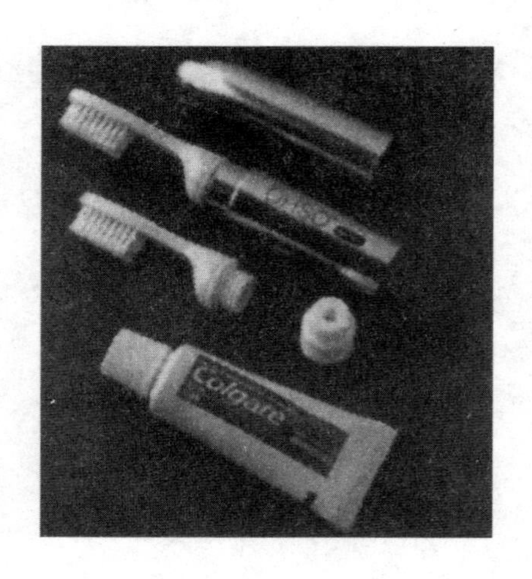

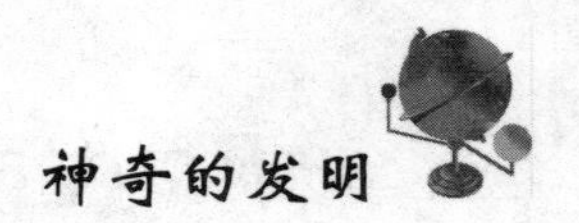

口服避孕药的发明

1953 年美国生物学家格雷戈里·平卡斯及其同事们发现，孕激素可以抑制兔子排卵，随后他们就做了妇女的临床试验。后来又发现，如果再加上雌激素成分可以改善月经的规律性。格雷戈里·平卡斯利用这一发现开发了口服避孕药，因此他被世人称作“避孕药之父”。

避孕药之所以被列为最伟大的科学成就之一，原因就在于它把妇女从被动的生育中解放出来，赋予女性繁殖后代的决定权。更重要的是，它打破了禁锢妇女性自由的枷锁，使她们有权走出家庭参加社会工作，最终扩大妇女们在社会政治、经济、文化等方面的影响。在一个人们越来越担心人口过剩之危的世界里，口服避孕药作为控制人口的药剂，其作用是显而易见的；它对改变人们对性生活的道德观所起的作用也许不很明显，但是却同样具有革命性。

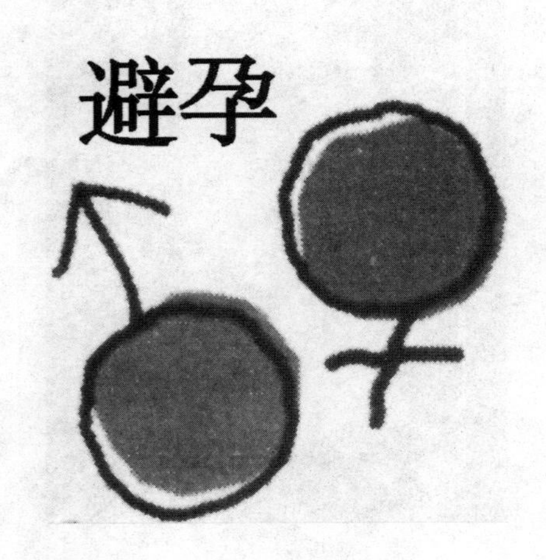

温度计的发明

伽利略不仅仅证明了不同重量的铁球从高空落下的时候，是同时落地的，还于 1593 年制造了第一个温度计。根据记载，这个温度计的原理是：用一个连接在玻璃球容器上的开口管子，将玻璃球预热或装入一部分水后倒放进水里，水在管子里上升的高度随玻璃球中气体的冷热程度引起的胀缩情况而变化。不过这种仪器因受到气压波动的影响，并不是十分准确，而且使用起来也不方便。世界上第一只实用的温度计是由德国迁居荷兰的仪器制造商华伦海特从 1709 年开始制造的读数一致的酒精温度计。

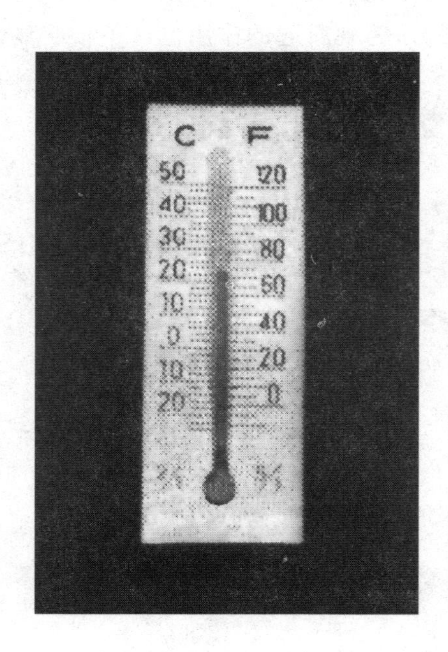

瑞士军刀的发明

瑞士军刀是每个想露营或者长期旅居在外的人必须拥有的。瑞士军刀的得名来自于它的产地。据说，由于当时瑞士军队所用的士兵用刀还必须从德国购进，瑞士制鞋匠巴尔特哈沙·埃尔森纳·奥特的四儿子查尔斯·埃尔森纳就下定决心想当一名刀具工人，让瑞士军队用上自己的刀。于是他在 1891 年发起并创建了瑞士刀具行业互助会，10 月就制造出了第一批给瑞士军队用的军刀。而后经过改进，1897 年，重量较轻而且比较美观的士兵用刀终于出炉，这也就是现在瑞士军刀的最初样子。

听诊器的发明

小时候我们都玩过医生和病人的游戏，扮医生的小朋友都会煞有介事地用道具当作听诊器来给“病人”诊断。

听诊器的发明其实和一位医生的“不好意思”有关。1816 年，有位叫拉埃克的医生在给女病人看病的时候，需要听心脏和胸腔的声音，但是他又不好意思把耳朵贴近女病人的胸部，于是他就想出了一个办法：他找到一叠纸，卷成管状，然后把纸管放在女病人的胸部，在另一端倾听。这件事情启发了他，之后他就用木头制作了一个长约 23 厘米、粗 4 厘米圆管状的听诊器。1850 年，橡胶管听诊器取代了木制听诊器。

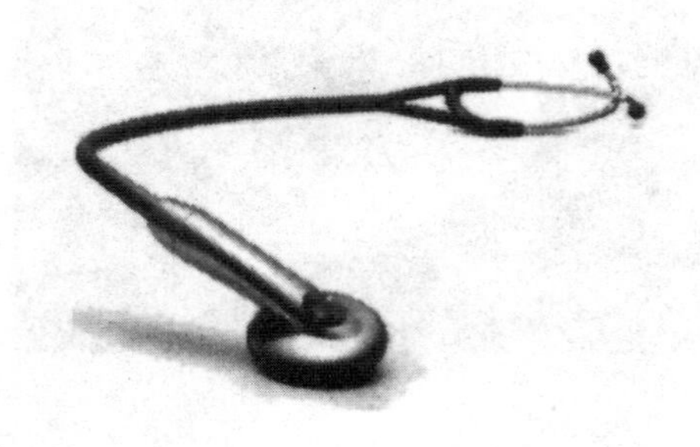

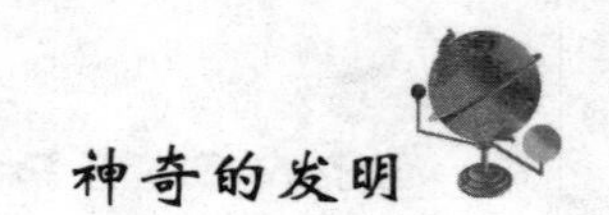

醋的发明

醋乃“开门七件事”之一，其历史也可谓悠久。《尚书·说命》记载殷王武丁请傅说任自己的宰相时道：“若作酒醴，唯尔曲蘖；若作和羹，唯尔盐梅。”大约这时尚无人工制醋，若需酸者，尚以梅类代替。《说文解字》：“醯，酢也。”《酉阳杂俎》：“酢，醋也。”唐代成玄英《庄子疏》云：“食醯，酢瓮中蠛蠓，亦为醯鸡也。”这儿的“酢”亦即醋。

春秋战国以后，酿醋得到普遍发展。南北朝时贾思勰在《齐民要术》中就记载了 22 种制醋法。历代也出现了载誉天下的名醋。如《记事珠》云：“唐世风俗贵重桃花醋。”《元化掖庭记》言：“元时醋有杏花酸、脆枣酸、润肠酸、苦苏浆。”

醋不仅可作调料，甚至有其医学功能和洗涤效用。

我国人喜欢用醋，甚至创造了“吃醋”这一特殊的语调。“吃醋”被喻为在男女关系上产生的嫉妒情感。

缝纫机的发明

缝纫机的发明可追溯到18世纪。英国人托马斯·塞因特为提高制鞋的生产效率，苦苦思索设计了缝制靴鞋用的单线链式线迹的机器。1790年，他在伦敦造出了第一台用木料做机体，部分零件是用金属制成的手摇缝纫机。这台机器虽然粗陋而且不太实用，但它开启了缝纫机发明的大门。当时因没有缝制机械制造的记录，他的专利被归在纺织机械的专利库内被人疏忽了83年，后来这台机器经过复制，曾在1878年的巴黎万国博览会上展出。

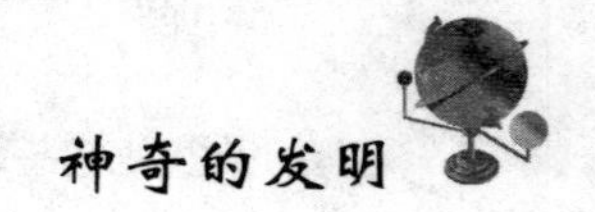

呼啦圈的发明

呼啦圈的诞生掀起了全民“晃动”的狂热。将这种狂热散布到世界上的人是亚瑟·莫林和理查德·努。两人除了是一起玩大的朋友，还是南加州大学的校友。这个晃动世界的塑料圈的原型，是他们在澳大利亚一个健身班里看到当地人健身时使用的木环。在当地一个朋友教他们如何晃动臀部使那东西旋转起来以后，他们俩马上就萌生了发明呼啦圈的想法。他们将发明出的这个简单的塑料环送给小学的孩子们玩耍，很快这个简单的发明就走进了美国的千家万户。我们无法预计呼啦圈的生命力到底还有多久，但只要还有人在用它轻快地晃动起身体，这个圆圈的快乐魔力就会持续下去。

手机短信的发明

语言纯粹论者恨死了短信。短信锻炼了一代年轻人的拇指功能，也催生出一大堆人们自创的缩略词。15 年前，英国工程师尼尔·帕帕沃斯发送了第一条短信，内容如下：“圣诞快乐。”

七巧板的发明

我们小时候都玩过七巧板的游戏。可谁能想到这种玩具竟是由古代的一种家具演变出来的。宋朝有个叫黄伯思的人，对几何图形很有研究，他热情好客，发明了一种用6张小桌子组成的“宴几”，在请客吃饭时使用。后来有人把它改进为由7张桌子组成的宴几，可以根据吃饭人数的不同，把桌子拼成不同的形状，比如3人拼成三角形，4人拼成四方形……这样用餐时人人方便，气氛更好。后来，有人索性把宴几缩小和改制到只有七块小板，用它拼图，演变成一种玩具。因为它十分巧妙好玩，所以人们叫它“七巧板”。18世纪，七巧板传到国外，立刻引起外国人的极大兴趣，甚至有些外国人通宵达旦地玩它，并把它称作“唐图”，意思是“来自中国的拼图”。

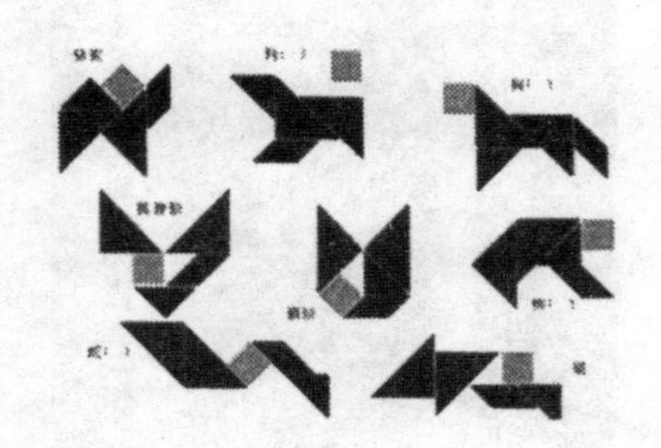

红绿灯的发明

19 世纪初，在英国中部的约克城，红、绿装分别代表女性的不同身份。其中，着红装的女人表示我已结婚，而着绿装的女人则是未婚者。于是人们受到红绿装启发，1868 年 12 月 10 日，由英国机械师德·哈特设计、制造的灯柱高 7m，身上挂着一盏红、绿两色的提灯——煤气交通信号灯正式开始使用，这是城市街道的第一盏信号灯。但因为该煤气灯的安全系数低，在面世 23 天后就被取缔，直到 1914 年电气信号灯出现将之取代。随着各种交通工具的发展和交通指挥的需要，第一盏名副其实的三色灯（红、黄、绿三种标志）于 1918 年诞生。它是三色圆形四面投影器，被安装在纽约市五号街的一座高塔上。

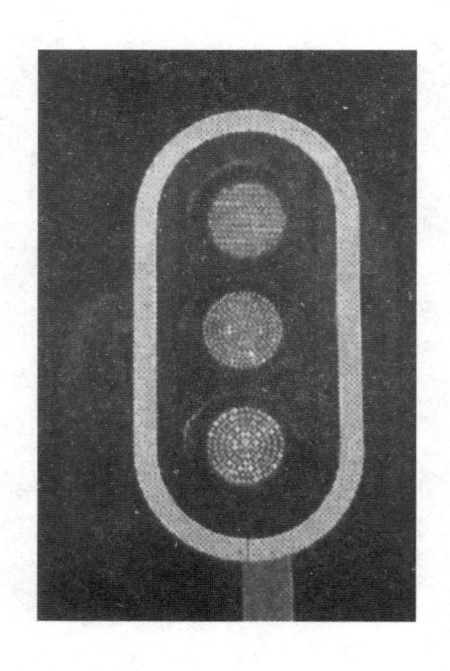

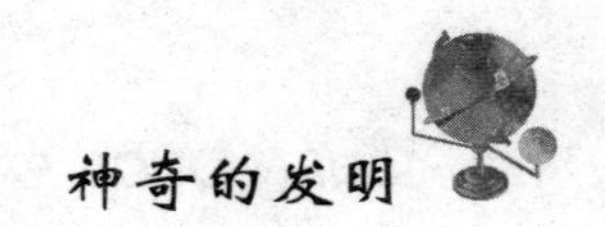

明信片的发明

明信片的问世，距今已有130多年的历史。据史料记载，1865年10月的一天，有位德国画家在硬卡纸上画了一幅极为精美的画，准备寄给他的朋友作为结婚纪念品。但是他到邮局邮寄时，邮局出售的信封没有一个能将画片装下。画家正为难时，一位邮局职员建议画家将收件人地址、姓名等一起写在画片背面寄出。果然，这没有信封的“画片”如同信函一样寄到了朋友手里。这样，世界上第一张自制的“明信片”就这样悄然诞生了。从这一点来说，明信片是艺术家和邮政职员的共同发明。1869年10月1日，明信片在维也纳邮局正式发行。因此奥地利成为世界上发行明信片最早的国家。

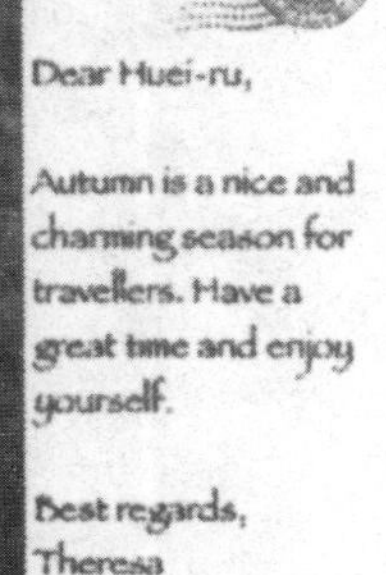

橡皮筋的发明

橡皮筋是一种用橡胶或乳胶做成的短圈，一般用来缠绕或绑紧某物品。1845 年 3 月 17 日由斯蒂芬佩里 Stephen Perry 发明。橡皮筋被拿来弹人或射人也许是许多人童年的幼稚回忆，利用橡皮筋跟竹筷做成橡皮筋枪，是拿来打橡皮筋大战的好武器。

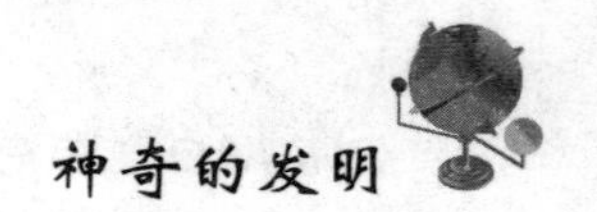

机器人的发明

1500 年前，我国古籍《列子·汤问》篇中记载了一个机器人的故事：周穆王西巡时，途中遇到一个叫偃师的人，他把自己制造的机器人送给穆王。机器人能歌善舞昂首低头，动作表情，悉如真人。周穆王带着他的妃子一同观看。当表演快结束时，机器人竟用眼睛挑逗穆王侍女，穆王大怒，要把它和偃师一同推出斩首。偃师连忙把机器人一一拆开，原来是木头和皮革涂上颜料制成的。穆王令重新装好，机器人表演如初。穆王感慨道：人之巧乃可与造化同功乎？

又据成书于北宋年间的《太平广记》第 226 卷《技巧》二引中记载了我国隋代的一种机器人。

隋朝有个叫黄衮的人用木头制成了一种大型游艺船——“水饰”，供骄奢淫逸的隋炀帝玩乐。“水饰”上镌刻着古帝王尧舜乘舟其间，大禹治水，秦皇入海，汉高祖在芒砀山，汉武帝游汾河以及屈原投汨罗江等“七十二势”。“水饰”上装置了 12 个木“航妓”，它们能奏乐，弹筝鼓瑟，击磬撞钟，“皆得成曲”。它们还会作“百戏”，升竿掷绳，舞剑抡刀，“如生无异”。“水饰”上备有 8 尺长的小船七艘，每船站 5 个 2 尺多高的木制机器人，这种小船专供隋炀帝和贵戚们饮酒取乐。船上的一个机器人端着酒杯，另一个捧着酒钵，还有一个在船头撑篙，另外两个在船中间划桨，小船绕“曲水”缓缓而行。“曲水”的沿岸廊下，坐着王公大臣，小船每到一个廊下即泊住，端酒的机器人把酒杯递给“顾客”，“顾客”们饮毕还杯，它赶紧接住，并转身向捧酒钵的机器人要过木勺添满酒杯；到另一个廊下，又递给别的“顾客”。

收音机的发明

在 1844 年，电报机尽管已经被发明出来，并可以实现在远地互相通讯，但是还是必须依赖“导线”来连接。而收音机讯号的收、发，却是“无线电通讯”。整个无线电通讯发明的历史，是多位科学家先后研究发明的结果。1906 年加拿大发明家费森登首度发射出“声音”，无线电广播就此开始。同年，美国人德·福雷斯特发明出真空电子管，这是真空管收音机的始祖。

键盘的发明

早在1714年，就开始相继有英、美等国家的工程师发明了各种形式的打字机，最早的键盘就是那个时候用在那些技术还不成熟的打字机上的。1868年，“打字机之父”——美国人克里斯托夫·拉森·肖尔斯获得了打字机模型专利并取得了经营权经营，又于几年后设计出现代打字机的实用形式和首次规范了键盘，即现在的“QWERTY”键盘。打字机的最初键盘是按照字母顺序排列的，但如果打字速度过快，某些键的组合很容易出现卡键问题，于是他将最常用的几个字母安置在相反方向，最大限度地放慢敲键速度以避免卡键。1873年使用此布局的第一台商用打字机成功投放市场。

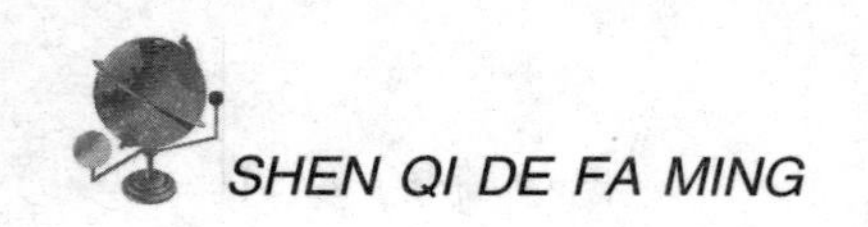

粥的发明

粥在我国可谓源远流长了。古时的粥与现在的概念不一样，古时的粥是米熬成的，稠的叫饦，稀的叫粥。粥的功用在古时可以归纳为三点，家贫食粥、荒年赈饥食粥、养生食粥。

粥是贫家的必食品，《红楼梦》作者曹雪芹中晚年穷困潦倒，其诗有“举家食粥酒长赊”的叙述。

中国历史上，凡遇荒年就有官家或大户人家设粥场或粥棚，这种粥棚是专为救灾而设的，由于灾民多经常出乱子，如《宋史・富粥传》中记，以前立粥场救灾，灾民聚集在城里，互相传播瘟疫，抢食粥又相互践踏，还有的等待数日吃不到粥而饿死。

粥可以救灾，同时也是养生佳品，随着人民生活的提高，以前食粥为贫的观念变了，并出现一些专门经营“粥”的饭店，用粥作为“药膳”来调剂人的口味和身体，粥的作用的确不可小觑了。

宝丽来相机的发明

埃德温·赫伯特·兰德，是现代商业史上无法忽略的名字，使他闻名于世的拍立得相机的灵感，诞生于战乱中的1943年。当时，正在度假的兰德给女儿拍了张照片，女儿疑惑为什么不能马上看到照片。女儿的“无理要求”却给了兰德灵感，把曝光好的负片和一个在白色片基上涂了层感光膜的正片粘合在一起，数秒钟后，正片冲洗完毕，与负片分离。兰德意识到，这种新型的反转转印法拥有巨大的市场潜力，在此基础上，他主持研制出世界上第一台一次成像照相机。

这款被命名为宝丽来兰德照相机的拍立得产品让摄影变得随心所欲，从而改变了世界上数百万人的拍摄习惯，并为日后数码摄影的发展提供了雏形。他创立的宝丽来公司因为1分钟成像技术和宝丽来相机赢得了美国相机成就奖。

计算器的发明

1642 年，年仅 19 岁的法国伟大科学家帕斯卡引用算盘的原理，发明了第一部机械式计算器。在他的计算器中有一些互相联锁的齿轮，一个转过十位的齿轮会使另一个齿轮转过一位，人们可以像拨电话号码盘那样，把数字拨进去，计算结果就会出现在另一个窗口中，但是只能做加减计算。1694 年，莱布尼兹在德国将其改进成可以进行乘除的计算。此后，一直到 1950 年代末才有了电子计算器的出现。

犁的发明

农民最早是用简易的挖掘棒或锄头来挖垦农田的。农田挖好后，他们把种子抛撒在地里，希冀着能有一个好的收成。5500 年前，美索希达米亚和埃及的农民开始尝试一种破碎泥土的新手段——犁。早期的犁是用 Y 形的木段制作的，下面的枝段雕刻成一个尖头，上面的两个分枝则做成两个把手。当将犁系上绳子并由一头牛拉动时，尖头就在泥土里扒出一道狭小的浅沟。农民可以用把手来驾驶犁。

鼠标的发明

在个人电脑热席卷全球的今天，几乎没有一台电脑是不配备鼠标的。但是却很少有人知道鼠标的发明者是谁。

1951 年，一个名叫恩格尔巴特的人从美国海军退役，在美国航空航天局任工程师，他总是设想电脑与人如何彼此交流，设想如何显示、组织、指引和记载信息。1963 年，恩格尔巴特在斯坦福研究所建立了发展研究中心，他用木头和小铁轮制成了最初的鼠标。70 年代，施乐公司不断完善恩格尔巴特的发明。1983 年 1 月，苹果电脑公司推出的“莉萨”个人电脑，首先配置鼠标。在专利证书上，鼠标的正式名称叫“显示系统纵横位置指示器”，但不知是谁把它叫作“鼠标”，而且很快便流传开来。

计算机的发明

1946年2月14日，世界上第一台计算机ENIAC在美国宾夕法尼亚大学诞生。

这部机器使用了18800个真空管，长50英尺，宽30英尺，占地1500平方英尺，重达30吨（大约是一间半的教室大，六只大象重）。它的计算速度很快，每秒可从事5000次的加法运算。这台机器十分耗电，据传ENIAC每次一开机，整个地区的电灯都为之黯然失色。从第一台计算机诞生至今已过去50多年了，在这期间，计算机以惊人的速度发展着，当年的“ENIAC”和现在的计算机相比，还不如一些高级袖珍计算器功能强大，但它的诞生为人类开辟了一个崭新的信息时代，使得人类社会发生了巨大的变化。

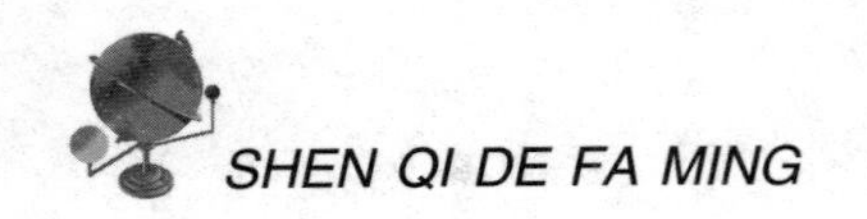

耳机的发明

1924 年，德国科学家尤根·拜尔在柏林开设了一家名为“拜亚动力”的电子公司，专门从事“电动换能器”的研究与开发，他开发了小型扬声器，并将它们固定在弧形箍架上，于是全球首只耳机诞生了！

拜亚动力是历史最悠久的耳机公司。1937 年，拜亚动力率先开发出了全世界第一副动圈式耳机 DT48，从此进入高保真耳机领域。这款耳机至今仍在生产销售，可算是全球生产历史最长的耳机了。拜亚动力的耳机都在型号数字前冠以 DT，Dynamic Telephone，即“动力电话”的缩写。

冰糖葫芦的发明

南宋绍熙年间，光宗皇帝的爱妃黄贵妃患病，不思饮食，面黄肌瘦，名医束手，贵药无效。于是张榜各地招医，一江湖郎中应招进宫，诊视之后说，只要用山楂球与红糖一起煎熬，每次饮前吃5~10枚，半月后病即可除，黄妃如法服用之后，果然食欲恢复。此后这种酸脆香甜的山楂传入民间，便成了今天流行的冰糖葫芦。按《本草纲目》所载，山楂性微温，有化滞、行淤、健胃的功能，因此它能成为人们喜爱的食品与药物，也就不足为奇了。

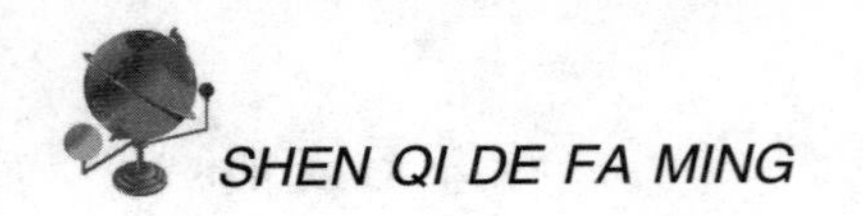

手机的发明

1973 年 4 月的一天，一名男子站在纽约街头，掏出一个约有两块砖头大的无线电话，并打了一通，引得过路人纷纷驻足侧目。这个人就是手机的发明者马丁·库帕。当时，库帕是美国著名的摩托罗拉公司的工程技术人员。库帕当时将电话打给了他在贝尔实验室工作的一位对手，对方当时也在研制移动电话，但尚未成功。

虽然早在 1973 年手机就注册了专利，但一直到 1985 年，才诞生出第一台现代意义上的、真正可以移动的电话。虽然可以移动但它仍是将电源和天线放置在一个盒子中，重量达 3 公斤，非常重而且不方便，使用者要像背包那样背着它行走，所以它又被叫做“肩背电话”。

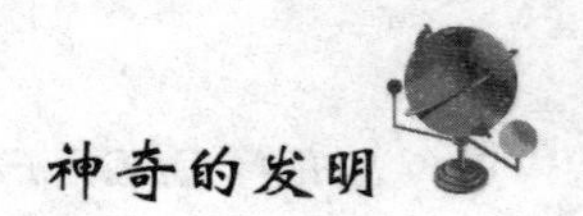

微波炉的发明

使用微波来烹饪食物的方法首先是由美国的斯本塞想到的，他过去为专门制造电子管的雷声公司工作。1945 年，斯本塞观察到微波能使周围的物体发热，在他经过一个微波发射器时，身体会有热感，装在口袋内的糖果也被微波溶化。雷声公司受斯本塞实验的启发，决定与他一同研制能用微波热量烹饪的炉子。几个星期后，一台简易的炉子制成了。斯本塞用姜饼做试验，在烹饪时他屡次变化磁控管的功率以选择最适宜的温度，经过若干次试验，食品的香味飘满了整个房间。

1947 年，雷声公司推出了第一台家用微波炉。但因成本太高，寿命太短，从而影响了微波炉的推广。1965 年，乔治 · 福斯特对微波炉进行大胆改造，与斯本塞一起设计了一种耐用和价格低廉的微波炉。从此，微波炉逐渐走入了千家万户。由于用微波烹饪食物又快又方便，不仅味美，而且有特色，因此有人诙谐地称之为“妇女的解放者”。

显微镜的发明

早在公元前1世纪，人们就已发现通过球形透明物体去观察微小物体时，可以使其放大成像。后来逐渐对球形玻璃表面能使物体放大成像的规律有了认识。1590年，荷兰和意大利的眼镜制造者已经造出类似显微镜的放大仪器。

到了17世纪70年代，荷兰的看门人列文·虎克有一天透过两块镜片偶然发现镜片后面的小铁钉一下子变大了好多倍。这个发现引起他莫大的兴趣，于是他动手做了一个金属支架和一个小圆筒，把两块镜片分别装在圆筒两头，还安上旋钮，来调节两块镜片间的距离。这样，世界上第一台显微镜就诞生了。

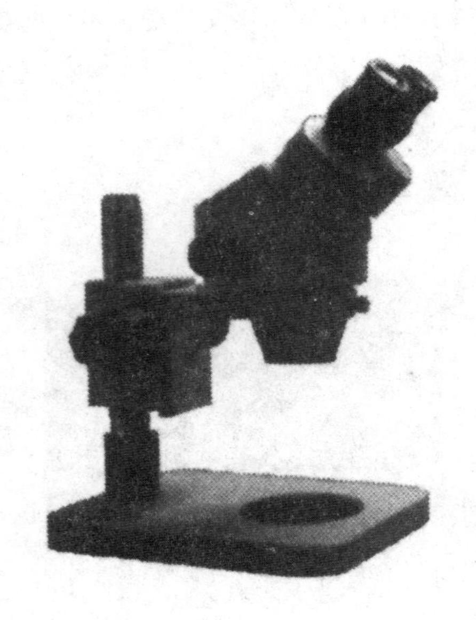

芯片的发明

1958 年杰克·金佰利在德克萨斯州的实验室发明了集成电路芯片。

他的发明改变了整个行业。集成电路成为当今电子领域的核心。集成电路芯片的发展，促进了 1971 年 Intel 公司第一代微处理器的产生——4004 微处理器。

金佰利先生发明的第一个单片式集成电路，奠定了现代微电子学领域的基础，使行业进入小型化和整合的世界，这一趋势今天仍在持续。而金佰利因参与发明集成电路在 2000 年获得了诺贝尔物理学奖。

魔方的发明

魔方又叫魔术方块，是匈牙利布达佩斯建筑学院鲁比克教授在 1974 年发明的。上世纪 70 年代末 80 年代初风行于全世界。

当初他发明魔方，仅仅是作为一种帮助学生增强空间思维能力的教学工具。但要使那些小方块可以随意转动而不散开，首先就是个机械难题，还牵涉到木制的轴心，座和榫头的安装和调整等等。直到魔方拿在手上时，鲁毕克将魔方转了几下后，才发现如何把混乱的颜色方块复原竟是个有趣而且困难的问题。鲁毕克决心大量生产这种玩具。魔方发明后不久就风靡世界，人们发现这个小方块组成的玩意实在是奥妙无穷。

扑克牌的发明

据考证，扑克牌的故乡是中国，它起源于中国的叶子戏。当时的文人是用叶子做文字游戏，渐渐发展为叶子戏。后来，马可波罗将这一古老神奇的文字游戏带到了欧洲，才形成了今天这样拥有最多玩家的国际游戏。

扑克牌的设计十分奇妙，它是根据历法而设计的。一年中有 52 个星期，因此一副扑克牌有 52 张，扑克牌的红桃、方块、草花、黑桃四种花色则象征着一年春夏秋冬四个季节。如果我们把 54 张牌的点数全部加起来，就可以进一步证明扑克牌与历法的关系。如果把“J”当 11 点，“Q”当 12 点，“K”当13 点，大、小王各当作半点，把54 张牌的点数加起来，恰巧是全年365 的总天数。

大、小王牌的设计也有其道理，大王代表着太阳，小王代表着月亮。而红（红桃、方块）、黑（草花、黑桃）之分则分别表示白天和夜晚。

轿子的发明

轿子的雏形大概是古时的步辇。辇：车，殷周时用于载物。至秦时，辇去轮为舆，改由人抬，称步辇。由皇帝皇后乘坐。汉代班固曾在其作品中提到步辇。南北朝时，王公贵族使用步辇更为流行，甚至指挥战斗、游猎行狩，也坐于其上。《邺中记》云：后赵统治者石虎，行猎时坐在一种由20人抬的“猎辇”上，该辇有蔽阳的曲盖，床下设有“转关”，坐在上面随时调整方向，以射鸟猎兽。上述两类辇是轿子的前身。

我国汉、魏时期就出现了轿子，当时叫“步舆”、“载舆”，形状较简单，是在一块长方形的木板上四角作有把手，乘者盘坐在上面，由四人提着把手行走。到唐代，步舆、载舆从手提逐渐演变为肩抬，故改称“肩舆”、“担子”。唐代著名画家阎立本在《步辇图》中，画着李世民端坐在一乘“步辇”上。这种步辇却由两个女子抬扛，四角还各用一名宫女扶持。这实际是一张加有两根抬杠的四足床，这种轿子可睡卧、也可盘腿而坐。

机关枪的发明

机关枪的发明者海勒姆·斯·马克沁原是美国的电机工程师。

马克沁曾使用步枪进行射击，他的肩膀被枪的后坐力撞得青一块，紫一块，就在那时他产生了更好地利用这种能量的念头。在伦敦的作坊他研制出一种枪，可以利用子弹射出后产生的反作用力退出空弹壳，装上新的子弹叩击撞针。

由于每发子弹都可以引发下一发子弹，射手只要扣动扳机，枪就能自动而连续地发射。他同时设计出一种能把帆布弹带上的子弹推上膛的装置，保证了弹药的供应，每个帆布带上可装 250 发子弹。为解决机枪射击冷却问题，他另做了个水套，内盛七品脱液体，包在枪上，这样世界上第一支真正的机关枪制成了，人们叫它马克沁枪，重 40 磅，每分钟发射 600 发子弹。

铅笔的发明

1564 年，在英格兰的一个叫巴罗代尔的地方，人们发现了一种黑色的矿物——石墨。由于石墨能像铅一样在纸上留下痕迹，而且这痕迹比铅的痕迹要黑得多，因此，人们称石墨为“黑铅”。那时巴罗代尔一带的牧羊人常用石墨在羊身上画上记号。受此启发，人们又将石墨块切成小条，用于写字绘画。不久，英王乔治二世索性将巴罗代尔石墨矿收为皇室所有，把它定为皇家的专利品。用石墨条写字既会弄脏手，又容易折断。1761 年，德国化学家法伯首先解决了这个问题。他用水冲洗石墨，使石墨变成石墨粉，然后同硫黄、锑、松香混合，再将这种混合物成条，混合物比纯石墨条的韧性大得多，也不大容易弄脏手。这就是最早的铅笔。

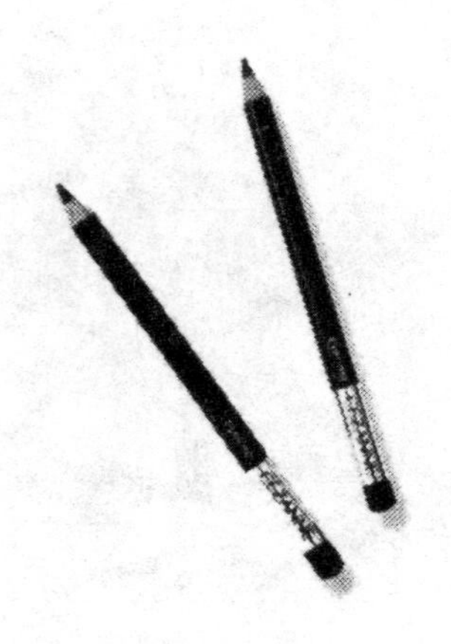

船闸的发明

我国是世界上最早建造船闸的国家。

公元前221年，秦始皇发动了统一全国的战争，湖南、广东、广西交界处由于五岭逶迤，秦军的行军和运输遇到了极大的困难。公元前214年，秦始皇决定在山岭间开凿一条运河，沟通长江与珠江两大水系。他命令史禄开灵渠，路线选定在湘江和珠江支流漓江的分水岭上，渠长60公里。因为灵渠处在高山之上，湘江和漓江的水位相差很大，最高处的比降达1/160，超过适于航行比降的20倍。为解决这一矛盾，当时发明了斗门。斗门，又称陡门，就是现在的船闸的闸门。在运河水位比降较大的地方筑起一个个斗门，控制河段水位。每过一个斗门，船就进入水位较高的河段。这样，世界上第一条船闸式运河就出现了。而国外，直至1497年才在欧洲出现第一个厢式船闸。

激光的发明

激光是20世纪以来，继原子能、计算机、半导体之后，人类的又一重大发明。它的原理早在1916年已被著名的物理学家爱因斯坦发现，但直到1958年激光才被首次成功制造。

激光是在有理论准备和生产实践迫切需要的背景下应运而生的，它一问世就获得了异乎寻常的飞快发展，激光的发展不仅使古老的光学科学和光学技术获得了新生，而且导致一门新兴产业的出现。激光可使人们有效地利用前所未有的先进方法和手段，去获得空前的效益和成果，从而促进了生产力的发展。

笔记本电脑的发明

1982 年 11 月，Compaq 推出第一台 IBM 兼容手提计算机，重约 14 公斤，采用 4.77Mhz 的 Intel 8088 处理器，128KB RAM，一个 320KB 的软盘驱动器，一个 9 英寸的黑白显示器。而世界上第一台真正意义上的笔记本电脑是由日本的东芝公司于 1985 年推出一款名为 T1100 的产品，它采用 Intel 8086 处理器，512K RAM 并带有 9 英寸的单色显示屏，没有硬盘，可以运行 MSDOS 操作系统。T1100 推出后，立刻引起业界人士的广泛关注，从此，笔记本电脑发展一发而不可收，各种各样的新技术新产品纷纷出现，市场得到了全面快速的发展。

紫砂壶的发明

紫砂壶的起源一直可以上溯到春秋时代的越国范蠡，就是那位功成身退与西施一起退隐江湖的“陶朱公”。不过，紫砂做成壶，那还是明武宗正德年间以后的事情。紫砂壶的创始人是明代的供春，在明代还有三位制壶名家，时大彬、李仲芳和徐友泉。他们所制的各种名壶，风格高雅、造型灵活、古朴精致，妙不可言。在当代也涌现了一批制壶大师，如顾景舟，由他仿制的供春紫砂壶在国际市场上的交易价曾达 20 万港币。

iPod 的发明

第一代 iPod 于 2001 年 10 月 23 日发布，容量为 5GB；2002 年 3 月 21 日新增了 10GB 版本 iPod，两者都装备了 APPLE 称为 scroll - wheel 的选曲盘，只需一个大拇指就能完成操作。10G iPod 还新增了 20 种均衡器设置，iPod 使用带宽达 400Mbps 的 IEEEl394 接口进行传输，配合 Mac 操作系统上的 iTunes 进行管理，这在当时是相当先进的设计，再加上 iPod 与众不同的外观设计，让它成为 APPLE 打造的又一个神话。

涂改液的发明

在发明文字处理器之前，人们写作时出现错误只能进行圈注或者一次次重写，既浪费时间，还使得书面显得不流畅美观。1951 年美国秘书贝蒂·奈史密斯·格莱姆由此发明了涂改液。它用一种白色的不透明颜料，涂在纸上以遮盖错字，颜料干后可在原来的部位重新书写。因为大多数的稿件信函都是用白色纸书写，因此这种颜料能很好地将修改的痕迹掩盖，既让打字或写作变得更加方便，也使书面更加整洁。当时的涂改液是用小瓶子包装的，瓶盖上附带一支小毛刷或者是一支三角形的发泡塑胶用以涂抹。

芭比娃娃的发明

诞生于1959的芭比娃娃已经快50岁了，她比曾风行一时的椰菜娃娃、泰迪熊都要活得长。没有人知道这是为什么，即使她的创造者露丝·汉德勒也无法解释。19岁时，露丝只身来到好莱坞学习工业设计。在学校她遇到了汉德勒，不久后就嫁给了他。1942年，夫妇二人在一间车库里创办了马特尔公司，良好的经营状况让露丝·汉德勒有机会进行了一次欧洲之旅。她在瑞士发现了一种德国生产的名叫“金发美女莉莉”的娃娃（据说原型是脱衣舞娘），她的身材无可挑剔，各种体征应有尽有，而且穿着非常“暴露”，似乎专为挑起小伙子们的欲望而设计。露丝·汉德勒女儿的名字是“芭芭拉”，而女儿对玩具的选择也是她发明的灵感，露丝忍不住设计出了她的美国版本，她把女儿的昵称送给了她设计出的美国娃娃。时至今日，芭比已经超越了玩具的定义，成为一个不朽的商品符号。

枪的发明

最早的火枪是我国宋代陈规于1132年发明的。枪管用长竹竿做成，内装火药，靠喷火来杀伤对方，是所有现代火枪的前身。最早的步枪是我国于1259年发明的“突火枪”。枪管用竹子做成，在枪管里装上火药，然后再从枪口安装子弹，点燃后便会把子弹射出。最早的手枪是意大利人于1364年发明的火门手枪，亦称“西欧皮”。枪管长约200毫米，后被火绳手枪所取代。

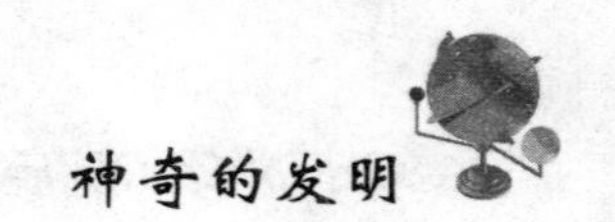

断头台的发明

提起断头台，人们常常会把它和法国大革命联系起来。当时，一个名叫约瑟夫·伊尼亚斯·约吉坦的人发明了这种执行死刑的机器。在当时，断头台发明不是一种残忍，反而是一种进步，因为它可以迅速结束死囚的执行时间，而1790年4月的一天，约吉坦同夫人在巴黎木偶剧院观看了一场木偶剧。当看到剧中有一个机器飞快地砍下一个布袋木偶的脑袋时，他深受启发。1791年5月3日，议会又在他的倡议下通过了改用斩刑的决议，并为此成立了一个委员会。约吉坦为制造一种新的斩首机器，专门请来德国的能工巧匠多皮亚斯·施密特。他很快制作了一台快速斩首机，斩首机在用几只活羊实验成功后即投入使用。

GPS 的发明

GPS，译为全球定位系统，是 20 世纪 70 年代由美国陆海空三军联合研制的新一代空间卫星导航定位系统。其主要目的是为陆、海、空三大领域提供实时、全天候和全球性的导航服务，并用于情报收集、核爆监测和应急通讯等一些军事目的，是美国独霸全球战略的重要组成。经过 20 余年的研究实验，耗资 300 亿美元，到 1994 年 3 月，全球覆盖率高达 98% 的 24 颗 GPS 卫星星座已布设完成。

围棋的发明

围棋，本是我国传统棋艺之一，它比象棋出现得更早，至少已有2500多年历史。由于传到日本和欧美各国，现已成为国际性的棋艺。

围棋何时发明？何人发明？1600年前的古书《博物志》说是尧创造以教其子丹朱。又有人说是舜发明以教其子商均。这些都是传说，并不可靠。迄今发现的有关围棋的最早的文字是《左传》中以围棋来比喻卫国国政的记载，说的是公元前559年的事情，距今2500多年了。2400年前的古书《论语》和2 300年前的古书《孟子》都提到围棋（当时叫“弈”）。据此看，围棋历史有2500年以上，是不会错了。至于围棋传往外国（以传往日本为例），也有1000年以上。

围棋在古代颇为风行，文人学士，封建帝王、战将谋士，以至才人淑女、僧尼黄冠都常以弈为尚。中国向有琴棋书画并称之说，可见围棋已成为传统文化的一环。

有轨电车的发明

电车或者有轨电车的前身是19世纪80年代传入美国和欧洲的室内马拉轨道车。在轨道上的一节马拉车厢比先前的同样马力的“公共马车”可以多装一倍的人。1873年，旧金山开始投入使用安德鲁·海里德发明的电缆车。电缆车的运行是靠一个中央蒸汽机牵引轨道底下的电缆将每节车厢连在一起并给予牵引力，使得整列电车可以以稳定的速度行进，只要松开电缆并使用刹车闸就可实现停车。1881年，第一个电力驱动的电缆车开始正式使用。没过多久，西门子公司将路面铁轨传送电流改为鱼竿形排列的高架线来传输电流，世人开始将有轨电车命名为“trolley”。

软盘的发明

1967 年，IBM 公司推出世界上第一张软盘，直径 32 英寸。4 年后 IBM 公司又推出一种直径 8 英寸的表面涂有金属氧化物的塑料质磁盘，发明者是艾伦·舒加特（后离开 IBM 公司创办了希捷公司），1976 年 8 月，艾伦·舒加特宣布研制出 5.25 英寸的软盘。1979 年索尼公司推出 3.5 英寸的双面软盘，其容量为 875KB，到 1983 年已达 1MB，即我们常说的 3 寸盘。

软盘的读写是通过软盘驱动器完成的。软盘驱动器设计能接收可移动式软盘，目前常用的就是容量为 1.44MB 的 3.5 英寸软盘。软盘存取速度慢，容量也小，但可装可卸、携带方便。

鱼钩的发明

鱼钩确实算不上复杂装置，只是个一头削尖的弯钩，但是，在人类历史大部分时间里，它使人们可以安全地获得食物，不必为补充点儿蛋白质付出生命或肢体的代价。最早的鱼钩，大概可以追溯到公元前3万年，是用木头雕刻的。其他加工鱼钩的材料还有牛角、贝壳、骨刺，甚至去世渔夫的大腿骨头。

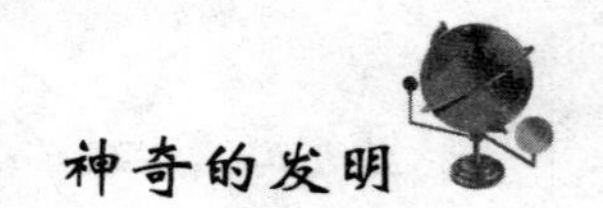

玻璃纸的发明

瑞士籍法国化学家雅克·勃兰登伯格尔用甘油将纤维素软化后发明了玻璃纸，并于1912年获得此项专利。自1900年，勃兰登伯格尔就一直在寻找能使棉质桌布更易清洗的覆盖物。1908年，他尝试在水中用氢氧化钠处理纤维素，并作了数次实验后终于发明了这种物质更薄更柔韧的“纸”。因为这种物质能隔绝空气，所以在一战中很快就被广泛用于包装和防毒面具的目镜。法国最大的人造丝织物生产商——“人造纺织品公司”将这项发明转交给与他们合作的杜邦公司，并成立了独立的“杜邦玻璃纸公司”进行玻璃纸的生产。1926年，杜邦公司的两位研究员又发明了防水玻璃纸，并获得了专利。

传真机的发明

即使久蹲办公室的人，大概也不知道这种装置已经有 160 多岁的高龄了，最开始，它们还没有数字显示，不能打印回复说“不行!”但是，1843 年，苏格兰钟表匠亚历山大·拜恩发明的装置与现代传真机在原理上惊人相似，该装置包括一支连接钟摆的笔，钟摆则由电磁脉冲驱动。1850 年，又有一位名叫弗·贝克卡尔英国的发明家，把传真机的结构作了一些改进，他采用“滚筒和丝杆”装置代替了时钟和钟摆的结构。这种滚筒式的传真机一直被沿用了一百多年。

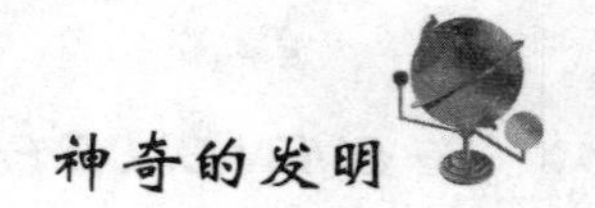

火药的发明

最早的炸药——黑色火药，是9世纪初或更早时间，由中国炼丹师们发明的。中国古代首先将火药用于军事。后来火药由蒙古人和阿拉伯人传入欧洲。直至19世纪，黑色炸药一直是世界上唯一的爆炸材料。18世纪以后，化学作为一门科学有了迅速的发展，为炸药原料的来源和合成及制备提供了条件，许多化学家致力于研制性能更好、威力更大的爆炸材料，这也使得各种新型炸药接连涌现。

电椅的发明

1890 年，美国人奥本成为首个被用于使用电椅处决的杀人犯。据史料记载，奥本的处决进行得相当不顺利，折腾了很长时间执行才完毕。但是自从那时起，电椅同自由女神像、口香糖一起成为了美国的象征。当时的电椅不过是木质扶手椅，罪犯被绑在上面不能动弹，一个电极绑在受刑者的头部，另一极与腿连接，在半分钟或者更长时间内，通入 2000 伏的电流，一般几分钟内罪犯即宣告死亡。电椅是被作为绞刑架的替代物而采用的，因为人们觉得它比绞刑架人道。事实上，电椅死刑的恐怖程度会更让人联想到中世纪的残酷刑罚。

现在，美国只有内布拉斯加、阿拉巴马两个州还把电椅死刑作为唯一的死刑方式。同样还保留死刑的 36 个州都执行的是毒针注射死刑和瓦斯毒气死刑。

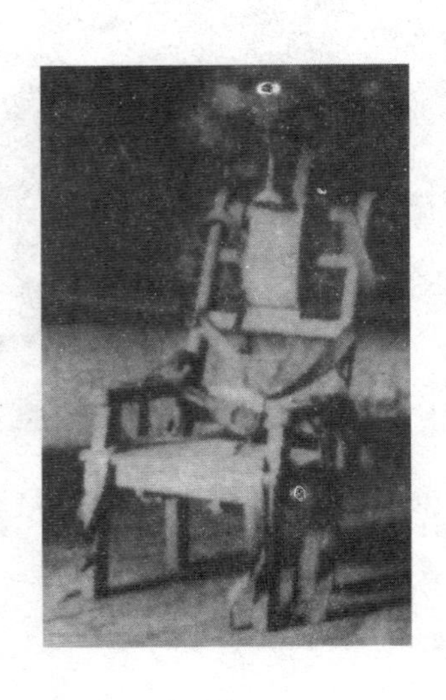

助听器的发明

19 世纪初助听器已经问世，其形状一般都是各种各样的号角状，这些装置往往比较笨重，不方便携带，也不太好使用。1923 年，马可尼公司研制出了一种新型助听器，用真空管放大声音，用电池供电。但是，这个装置仍然不太方便，重约 16 磅。到了上世纪 30 年代，人们有了较小的电子管和电池，重约 4 磅的助听器随之出现了，并且迅速地投放了市场。1935 年，阿·埃德温·史蒂文斯通过“安培利沃克斯公司”推行了第一种可以戴在头上的助听器，重量只有 2.5 磅。1950 年左右，随着晶体管的出现，助听器越来越小，最终出现了可以完全放在耳朵里的小仪器。

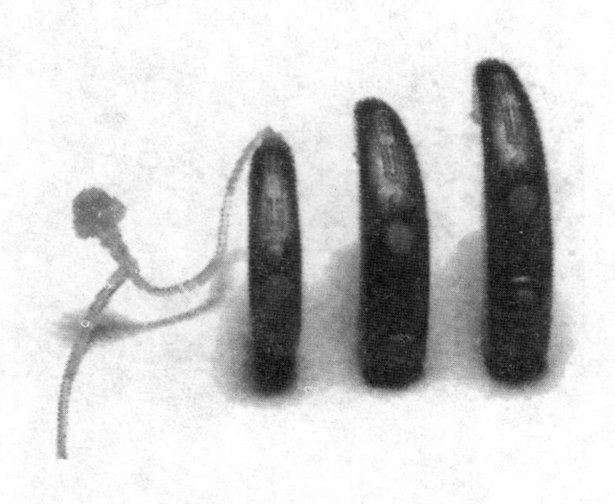

测谎仪的发明

据说古人是通过观察受测者的吞咽能力和唾液分泌能力来判断受测者是否在说谎的。因为大多数人说谎时，这两种功能会轻微受阻。现代社会的测谎装置却是通过传感设备记录受测者回答问题或作证时的生理变化来判断他是否在说谎的。1895 年，意大利返祖学家隆布罗索通过测量犯罪嫌疑人的血压和脉搏速度来确定他是否在说实话。1921 年，一位名叫约翰·拉森的美国警察发明了一种用多种波动描记器在滚筒纸上分别记录几个犯罪嫌疑人测量说谎结果的方法，这是后来测谎仪的先驱。同时拉森还发明出一种方法，就是先提问受测者一些容易回答且不具威胁性的问题，从而确定一条基准线，以此来辅助测谎仪的评估。通常测谎仪准确率在 70% ~90% 不等。

数码相机的发明

柯达公司于1975年开发出世界上第一部可供购买的数码相机。

早在20世纪60年代，人们就开始了“CCD芯片”的研究与开发，并首先研制出了航天事业用的数字化照相机，该照相机通过卫星系统从太空中向地面发送航天照片。1969年美国首次登月，宇航人将一架特制的500EL型哈桑勃特数字照相机长期留在了月球上。

1981年索尼公司发明了世界第一架不用感光胶片的电子静物照相机——静态视频“马维卡”照相机。这也是当今数码照相机的雏形。

信用卡的发明

最早发行信用卡的机构并不是银行，而是一些百货商店、饮食业、娱乐业和汽油公司。顾客可以在这些发行筹码的商店赊购商品，约期付款。

据说有一天，美国商人弗兰克·麦克纳马拉在纽约一家饭店招待客人用餐，就餐后发现钱包忘记带在身边，不得不打电话叫妻子带现金来饭店结账。于是麦克纳马拉产生了创建信用卡公司的想法。1950 年春，麦克纳马拉与他的好友施奈德创立了“大来俱乐部”（DinersClub），俱乐部为会员们提供一种能够证明身份和支付能力的卡片，会员凭卡片可以记账消费。这种无须银行办理的信用卡的性质仍属于商业信用卡。

1952 年，美国加利福尼亚州的富兰克林国民银行作为金融机构首先发行了银行信用卡。

秋千的发明

秋千也作鞦韆。据《古今艺术图》记载："鞦韆，北方山戎之戏，以习轻趫者。"山戎是我国古代北方的一个少数民族，荡秋千，是这个民族的一种游戏。山戎族人最早是在栗子树上借钩子攀枝爬行荡漾，由此而产生秋千。当时拴秋千的绳索为结实耐用，多用兽皮制作，故秋千古为鞦韆，用"革"旁。

秋千在我国中原地区流传较早，传说齐桓公伐山戎，看到秋千便把这种游戏带了回来。南朝时宗懔著《荆楚岁时记》中有这样一段记载："春时悬长绳于高木，士女衣彩服坐于其上而推引之，名曰打鞦韆"这一段说，春天把长绳拴在高大的树木上，士女穿上鲜艳的衣服坐在上面，而后轻轻推拉，使它荡漾在空中，这种游戏就叫打秋千。到唐时宫中每年寒食时节竞架鞦韆，嫔妃宫娥嬉笑为乐，唐玄宗呼为"半仙戏"。

心脏起搏器的发明

1958 年，两位瑞典医生 RuneElmqvist 卢思·伊兰可威斯特和 AkeSenning 艾可·塞宁设计了第一个植入式心脏起搏器。他们的装置几小时后就熄火了。美国工程师威尔森·格瑞特巴奇接过重任，在他家的花园凉棚里发明了第一个可靠的起搏器原型。1958 年，他在一只狗身上成功地进行了实验。1960 年，77 岁的亨利·哈纳菲尔德成为第一位使用起搏器的人类患者。

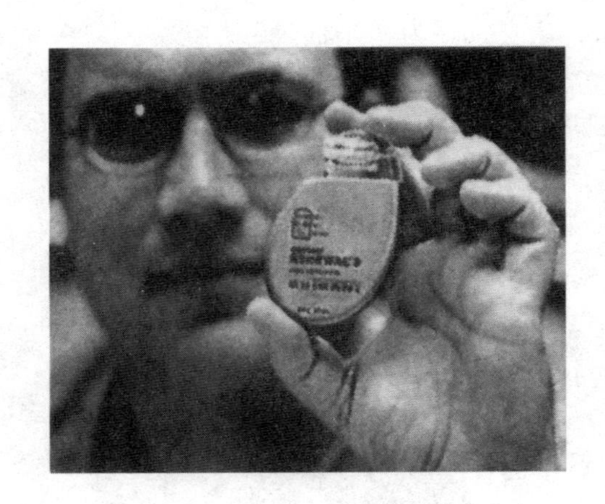

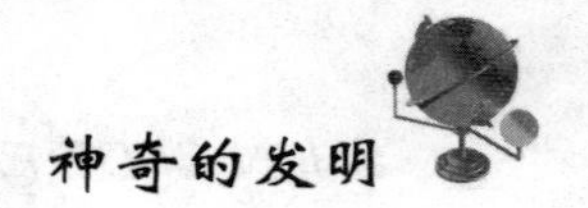

名片的发明

名片最早出现的时间可追溯到封建社会。秦始皇统一中国，统一全国文字，分封了诸侯王。诸侯王为了拉近与朝廷当权者的关系，难免经常联络感情，于是开始出现了“谒”。所谓“谒”就是拜访者把名字和其他介绍文字写在竹片或木片上，作为见面介绍的文书，也就是现在的名片。

进入东汉末期，“谒”又被改称为“刺”，唐宋时改为“门状”，明代则为“名帖”，清朝才正式有“名片”的称呼。

指甲剪的发明

指甲剪是美国人沃斯·福柯世基尔20世纪30年代发明的。

原理采自于“剪刀+锉刀”，这是很简单的杠杆原理。以前没有指甲刀的时候，人指甲长了都是用剪刀剪，或用磨刀磨的，指甲刀算是一个很造福人类的方便发明。

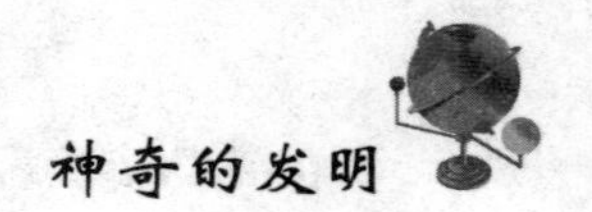

音乐盒的发明

音乐盒的起源，可追溯至中世纪欧洲文艺复兴时期。

1598 年，意大利籍耶稣会士利马窦第一次来到北京，随行礼物中有八音琴一台。这是有史书记载的最早进入中国的八音琴。经过各种的发明创造，1780 年前后，瑞士人从自动钟的原理获得启示，发明了一种令人赞叹的时钟——机械鸟鸣钟。

1796 年，日内瓦钟匠的发明给机械音乐盒带来了革命性的改变，使音乐盒的体积大大缩小。1870 年，德国的发明家首创了盘式音乐盒。

电风扇的发明

1882 年，美国纽约的克罗卡日卡齐斯发动机厂的主任技师休伊·斯卡茨·霍伊拉，最早发明了商品化的电风扇。第二年，该厂开始批量生产。当时的电扇是只有两片扇叶的台式电风扇。

1908 年，美国的埃克发动机及电气公司，研制成功了世界上最早的齿轮驱动左右摇头的电风扇。这种电风扇防止了不必要的三百六十度转头送风，而成为以后销售的主流。

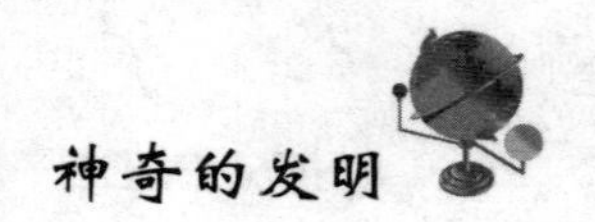

味精的发明

日本化学教授池田野菊，由于工作繁忙经常深夜回家。池田夫人是位贤妻，1908年的一天，池田夫人买了一些海带，准备了丰盛的晚餐。照常晚归的池田教授狼吞虎咽地吃着可口的佳肴，忽然停住，问：“今天这碗汤怎么这么鲜美?”说着便用小勺子搅动了几下，发现汤碗中外加几片海带。池田教授不禁自言自语“海带里有奥秘。”池田教授没有放过这个闪念对海带进行了化学分析，经过半年多的辛勤劳动，终于发现海带含有谷氨酸钠盐，并成功提炼出这种物质，定名为“味精”。为了工业化生产味精，池田教授又进行了各种实验，发明了小麦提取法，后又以脱脂大豆为原料，采用盐酸水解法制造，原料更丰富，使味精得以推广。现在，味精已成为人们生活必不可少的调味品了。

洗衣机的发明

1858 年，一个叫汉密尔顿·史密斯的美国人在匹茨堡制成了世界上第一台洗衣机。该洗衣机的主件是一只圆桶，桶内装有一根带有桨状叶子的直轴。同年，史密斯取得了这台洗衣机的专利权。但这台洗衣机使用费力，且损伤衣服，因而没被广泛使用，但这却标志了用机器洗衣的开端。

1880 年，美国出现了蒸气洗衣机，蒸气动力开始取代人力。在蒸汽机发明之后，有人用它初步实现了洗衣的机械化。但真正意义上洗衣机的诞生要到电动机发明之后。世界上第一台电动洗衣机是美国人阿尔瓦·丁·费希尔在 1901 年设计并制造出来的。之后，水力洗衣机、内燃机洗衣机也相继出现。到 1911 年，美国试制成功世界上第一台电动洗衣机。电动洗衣机的问世标志着人类家务劳动自动化的开端。

冷气机的发明

冷气机的发明与一位总统遇刺有关。1881 年 7 月 2 日，美国第二十任总统詹姆斯·加菲尔德在华盛顿车站等火车，打算前往马萨诸塞州母校威廉斯学院，不料登车前遇刺，身中两枪，情况严重。虽然被及时送到了医院抢救，但时值炎夏，院内非常闷热。医生认为，只有降低室内温度，手术才可以进行。美国政府于是把“降温”任务交给了一位名叫谢多的工程师。谢多曾在矿山工作，知道空气经过压缩会放出热量。如果把经过压缩的空气还原，理论上会吸收热量。他反复进行实验，证实了这个理论。于是在总统的病房旁边安装了一台空气压缩机，使房内气温降低了 12 摄氏度，手术得以进行。可惜那时尚未发明 X 光，子弹无法找到，总统两个月后因血液中毒逝世。世界上第一台冷气机就是这样发明的，经多方改良，冷气机成为大受欢迎的电器。

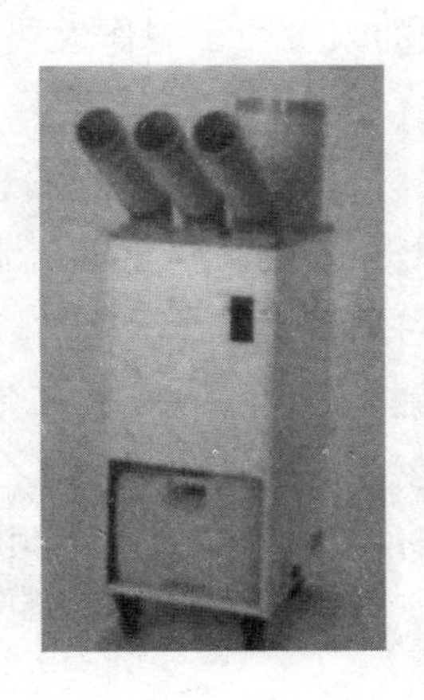

玻璃的发明

玻璃，古称“玻瓈”、“颇黎”、“水玉”。1964 年在河南洛阳一座西周早期墓葬中发现有白色料珠，1975 年在陕西宝鸡西周墓葬中出土有上千件玻璃管、珠，经鉴定，这是一种铅钡玻璃，与西方的钠钙玻璃分属两个不同的玻璃系统，说明我国早在3000 年前的西周时代，就已开始制造玻璃了，它的发现，也改变了中国玻璃是西方传入的传统说法。

战国至秦汉时期，玻璃制造业进一步发展。品种增加，有蓝、绿、翠绿、黑等单色玻璃，有俗称“蜻蜓眼”的多色玻璃珠。三国以后，玻璃制造方法一度失传。北魏时，大月氏商人曾到山西大同传授烧制玻璃的技术。隋初，何稠又参照制造瓷器的工艺，重新制成绿色透明玻璃。自后至清朝，玻璃制造技术都在不断进步。

1291 年左右，意大利的玻璃制造技术已经非常发达。意大利人为了把持玻璃制造技术的先进程度，甚至把全国的玻璃工匠都送到一个与世隔绝的孤岛上生产玻璃，并且让他们的一生就在这座孤岛上度过。

1688 年，一名名叫纳夫的人发明了制作大块玻璃的工艺。从此，玻璃告别了奢侈品的时代，走进了千家万户。

我们现在使用的玻璃是由石英砂、纯碱以及石灰石等材料经高温制成的。玻璃从制造材料上可以简单进行划分，有石英玻璃、硅酸盐玻璃、钠钙玻璃、氟化物玻璃等。我们常说的玻璃其实就是硅酸盐玻璃。现在玻璃已经被广泛用于建筑、日用、医疗、化学、电子、仪表、核工程等领域。

羽毛球的发明

羽毛球起源于亚洲。相传19世纪前后，在印度孟买有种两人分别站在网的两边，以木拍对击插有羽毛的绒线团的游戏，名叫“普那”。1860年左右，这种游戏传入英国，首先在伯明顿山庄定下游戏规则，这就是羽毛球运动的最初模式，所以这种新的运动便以伯明顿山庄命名，中文译名为羽毛球。最初的羽毛球是用香槟酒瓶的软盖木塞插上羽毛做成，比赛也只限于贵族和上流社会的人参加。羽毛球运动大约在1920年传入我国，在1992年巴塞罗那奥运会上被列为正式比赛项目，设有男、女单打和双打4项比赛。

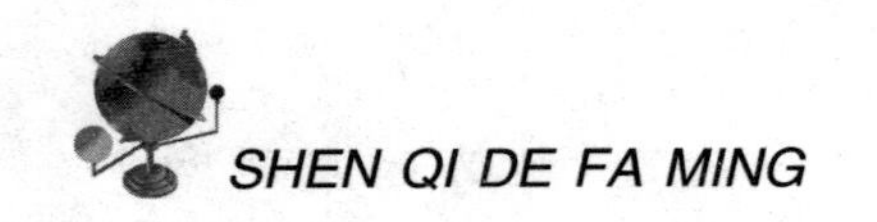

26 个英文字母的发明

英文字母源于拉丁字母，拉丁字母源于希腊字母，而希腊字母则是由腓尼基字母演变而来的。

腓尼基是地中海东岸的文明古国，其地理位置大约相当于今天黎巴嫩和叙利亚的沿海一带。“腓尼基”是希腊人对这一地区的称谓，意思是“紫色之国”，因该地盛产紫色染料而得名。

大约公元前 13 世纪，腓尼基人创造了人类历史上第一批字母文字，共 23 个字母（无元音）。据考证，腓尼基字母主要是依据古埃及的图画文字制定的。比如，“A”是表示“牛头”；“B”是表示“家”或“院子”；“C”和“G”是表示“曲尺”；“D”是表示“门扇”等等。原来的 23 个字母再加上稍稍变化而另创出的“U”、“W”、“J”三个字母，就构成了 26 个字母的字母表了。中世纪时，拉丁字母基本定型，后世西方文字都是由它演变而来。

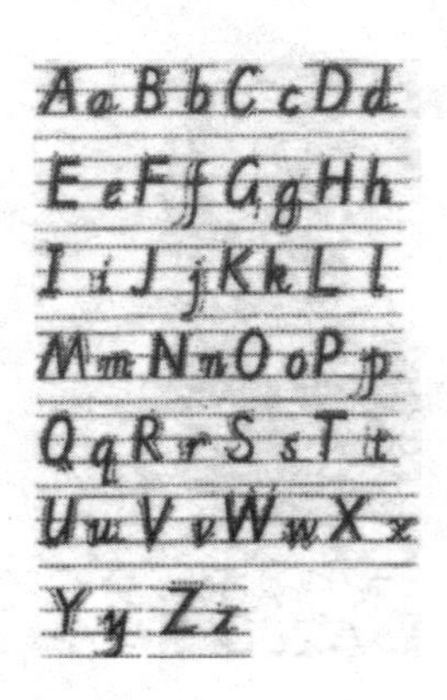

开瓶器的发明

1858 年，美国人伊兹拉·华纳取得了开瓶器的发明专利。这个开瓶器看起来一半像刺刀，一半像镰刀。开启时，只要用大而弯曲的刀页沿着罐头边缘用力，就可以将罐头切开。1870 年，美国人威廉·李曼发明了一种有轮子而能连续、平滑地打开罐头的开瓶器。但是，他的开瓶器必须依照罐头的大小做调整。1925 年时，一种针对李曼开瓶器的缺点进行改良的轮子开瓶器诞生了。这种开瓶器用锯齿状的轮子来减少滑动，能够夹住并沿着罐头的边缘旋转。后来，市面上又陆续出现了不少改良过的开瓶器。直到今天，开瓶器的“长相”仍是千奇百怪，只是万变不离其宗，它根据的原理依旧是杠杆原理。

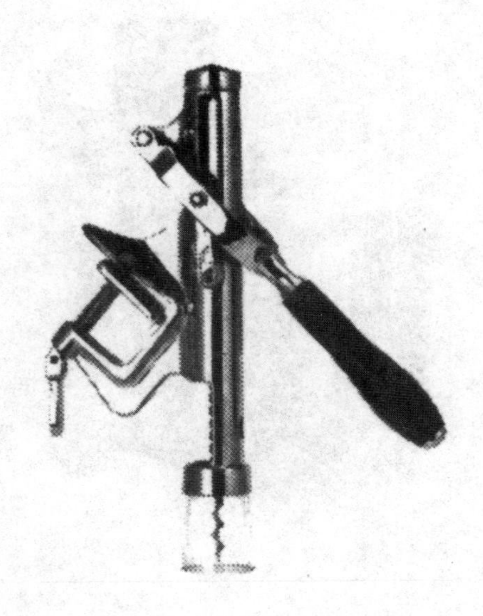

榨汁机的发明

美国人海厄特一生进行各种各样的发明创造，是个多面手。1882 年，他同兄弟一起成功试验了一套新的滤水装置。原来的滤水装置是把水引入储水罐，再加入凝结剂清除杂质，杂质要 12 小时后才沉淀到罐底。海厄特的巧妙设计是在把水引入过滤器的过程中添加凝结剂，这样就不需要大型储水罐和长时间的沉淀期。他发明的新的甘蔗榨汁机不仅可降低生产成本，而且榨出的蔗渣十分干燥，可用作燃料。

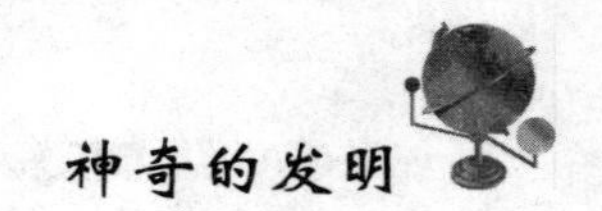

手电筒的发明

电灯为人类带来了光明。然而，康拉德·休伯特也应受到同样的尊敬，100年前从俄国移民到美国的他发明了手电筒。

一天休伯特下班回家时，一位朋友自豪地向他展示了一个闪光的花盆。原来，他在花盆里装了一节电池和一个小灯泡。想到自己有时在夜晚黑暗中走路很不方便，有时要提着笨重的油灯到漆黑的地下室找东西。闪光的花盆给了他启示：如果能用电灯随身照明，不是实用方便吗？于是，休伯特把电池和灯泡放在了一根管子里，结果第一个手电筒问世了。

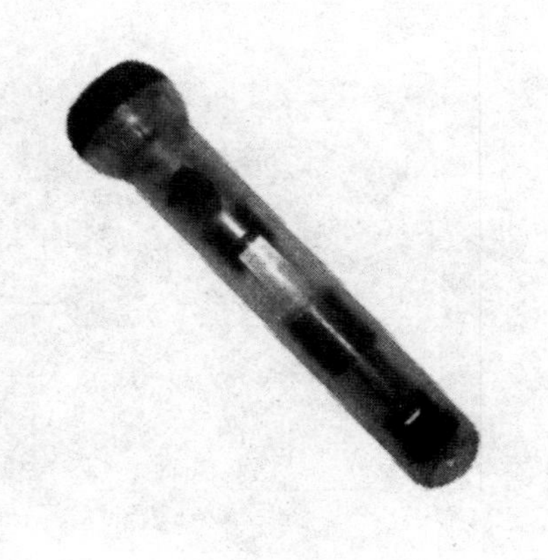

地铁的发明

英国在世界上首先建设了地铁。那是在1860年正式开工建造地下铁路的。但是，英国最早的地铁实际上应属于1822年建成的1．8千米地下隧道。这一段供火车通过的地下隧道，虽然算不上真正的地铁，但是在地铁的发展史上还是占有一定位置的。正是由于这件事，才使发明地铁的英国人认识到，火车在地下行驶完全是行得通的，它为火车开辟了新的通路。

1863年，英国的地铁工程首先完成了从伦敦的福灵斯顿站到毕晓普站的6千米区段。那时，还没有发明电力机车，所以地铁也用的是烧煤的蒸汽机车。1890年，德国和美国先后制成了性能优良的电力机车。随后，电力机车很快用于地铁。巴黎是世界上最早使用电力机车地铁的国家。

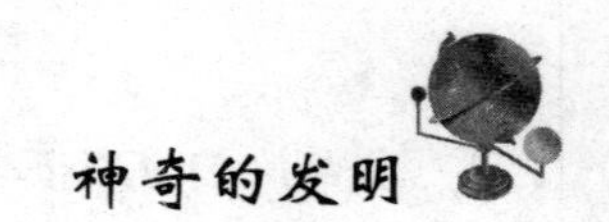

出租车的发明

最早的出租车是马车，出现在英国伦敦。

史料记载，最早在1588年就出现了这种承揽出租业务的四轮马车。1620年，伦敦出现了第一家四轮马车出租车队，尽管整个车队才有四辆马车，但是车夫们穿着统一定做的制服，行驶在街道上还是引来了众人的关注。1654年，英国议会已经颁布了出租马车管理的法令，并给出租马车主发放营业许可证。1886年卡尔·本茨发明了以汽油发动机为动力的三轮汽车，1897年，世界上第一家出租汽车公司在德国斯图加特成立。

自动售货机的发明

据说世界上最早的自动售货机出现在公元前3世纪，那是埃及神殿里的投币式圣水出售机。17世纪，英国的小酒吧里设有了香烟的自动售货机。在自动售货机历史的长河中，日本开发出实用型的自动售货机。日本第一台自动售货机是1904年问世的“邮票明信片自动出售机”，它是集邮票明信片的出售和邮筒投函为一体的机器。自动售货机的真正普及是在第二次世界大战以后。50年代，“喷水型果汁自动售货机”大受欢迎，果汁被注入在纸杯里出售。1967年，100日元单位以下的货币全部改为硬币，从而促进了自动售货机产业的发展。

路标的发明

1903 年，路标正式作为汽车行驶的指示标志出现在法国巴黎的街头。当时的路标为正方形，黑底白图，共有 9 种。随着洲际与国际公路的出现，各国认为有必要统一全球的路标与公路信号。1968 年，世界各国代表在维也纳签署了关于公路标志和信号的国际协定。协定将路标分为禁令、警告、指示、指路和辅助标志 5 类。用红、黄、蓝三原色加绿色作为“国际安全色”并赋予特定含义。红色使人联想到“火”与“血”等危险信息，对人的视觉和心理刺激强烈，所以用于危险最大、法制性最强的禁令标志。绿色表示“安全”，是“生命”色，给人以舒适安静的感觉，一般被用来作为导游、指路等服务类标志。

狗粮的发明

最初的狗粮是大约1860年在英国生产的一种饼干产品。尽管起源地是在英国，但是发明者却是James Spratt詹姆斯·斯伯拉特，一位来自美国俄亥俄州的电气技师。当时他正在伦敦销售避雷针，他发现狗吃的是轮船上剩下的饼干，于是决定用小麦粉、蔬菜、甜菜根和肉精心调配混合制作一种更好的宠物食品。

警犬的发明

警犬的起源要追溯到14世纪初的法国，那时警察就开始用狗看守停泊在码头的货船。

19世纪末巴黎的警察开始用狗对付街头的黑帮，但直到那时巡警只是把自家的狗带上街头陪伴巡逻，并没有对狗进行任何正规的训练。但尽管如此，警察们很快发现用狗陪伴巡逻起到了很好的效果，可以震慑那些街头斗殴的小混混。于是此举迅速地被欧洲其他国家的警察效仿。关于最早开始科学地选育品种和系统培训狗协助警察工作是19世纪末——20世纪初。那时欧洲各国家开始科学地培育优良品种的狗并训练为警用犬。第一间类似今天的警犬培训学校于1920年诞生在德国的格林黑德。

马蹄铁的发明

马蹄铁大约在公元 900 年出现，这可能是罗马人的创新，在公元前 1 世纪的遗址里就很常见了。但常被认为是皮鞋的铁后跟。

约公元前 85 ~ 前 54 年，常见的马蹄铁是铁制的，很轻，从一边冲压出一个穿透的钉孔。马蹄铁的边缘经常呈波状的轮廓，未固定的两端弯成一个防滑刺，它与钉头一起，使马蹄坚实地踩踏地面，对田间耕作和拉扯运输都很有作用。这种马蹄铁一直用到中世纪。马蹄铁的发明，为农业革命做出了很大贡献。

轮船的发明

发明并制造第一艘轮船的人名叫富尔顿，是位美国人。

在富尔顿以前，有人试制过蒸汽动力船，但没有成功。富尔顿研究了前人失败的原因，立志要制造成功一条蒸汽动力船。他从模型试验到设计制造，前后经过9年的艰苦努力，终于在1803年造成了第一艘轮船。不料在塞纳河试航时，竟被狂风暴雨所摧毁。富尔顿并没有因失败而灰心丧气。1806年，他回到美国，又开始新的造船工作。1807年，一艘新的轮船“克莱蒙脱”号在纽约的哈得逊河下水了，航速达每小时4公里。他继续改进，使这艘轮船的航速达到每小时6~8公里。

在富尔顿的一生中，他不仅发明制造了轮船，而且还亲自参加制造了17艘轮船，在人类水运史上留下了重要的一页。

香烟的发明

最早的香烟是由美洲印第安人发明的。不过那时的香烟不是供人吸，而是印第安人奉供天神的祭品。

世界上最早的香烟牌子是1894年英国韦尔斯出品的“世界陆军”牌，又名“步马军”牌，共100片。1913年由R·J·雷诺公司生产的“骆驼”牌香烟成为美国第一个全国性的卷烟品牌，并流传至今。1952年，洛里拉德公司推出了带有微型过滤嘴的“健牌”香烟，这在世界烟草历史上可以称得上是一场革命。过滤嘴被人们称之为“最伟大的健康保护装置”。但是在后来一系列的研究表明，过滤嘴也并不能完全起到健康保护神的作用。

二、最早的发明

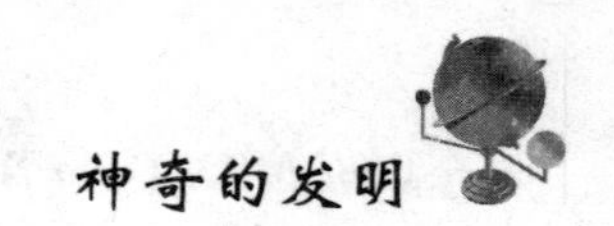

最早的高压锅

在烧瓶中盛半瓶水，用一只插有玻璃管和温度计的塞子塞紧瓶口，再用一段橡皮管把玻璃管和注射器连通（或者连接一个小气筒）。用酒精灯给烧瓶加热，从温度计上可看到，当温度接近100℃时，瓶里的水就开始沸腾。这时用力推压针筒活塞（或者压气筒活塞），增大瓶里的压强，就会看到虽然仍在加热，水的温度也略有升高，但是沸腾停止了。这说明，水的沸点随着压强的增大而升高了。“高压锅”就是根据这个原理制造的，它又叫压力锅，特点是烧东西时间短、味道好、易烧烂。

提起高压锅的发明还有一个很有意思的小故事呢。300多年前，一个法国青年医生帕平因故被迫逃往国外。有一天，他走到一座山峰附近，觉得饿了，就找了一些树枝，架起篝火，煮起土豆来。水滚开了几次，土豆依然不熟。几年后，他的生活有了转机，来到英国一家科研单位工作。阿尔卑斯山上的往事，他仍记忆犹新。物理学上的什么定律能够解释这个现象？水的沸点与大气压有什么关系？随后，他又设想：如果用人工的办法让气压加大，水的沸点就不会像在平地上只是摄氏100度，而是更高些，煮东西所花的时间或许会更少。可是，怎样才能提高气压。

于是帕平动手做了一个密闭容器，想利用加热的方法，让容器内的水蒸气不断增加，又不散失，使容器内的气压增大，水的沸点也越来越高。可是，当他睁大眼睛盯着加热容器的时候，容器内发出咚咚的声响，他只好暂时停止试验。

又过了两年，帕平按自己的新想法绘制了一张密闭锅图纸，请技师帮着做。另外他又在锅体和锅盖之间加了一个橡皮垫，锅盖上方还钻了一个孔，这就解决了锅边漏气和锅内发声的问题。

1681年，帕平终于造出了世界上第一只压力锅——当时叫做“帕平锅”。这只高压锅做得十分坚固，锅盖是铁制的，分量很重，紧紧地盖在锅上。锅

高压锅

的外围罩了一层金属网，以防意外爆炸。锅本身有两层，中央摆有内锅，要煮的食物就放在内锅里。加热以后，蒸汽跑不出来，锅内气压升高，水的沸点也升高了，食物就熟得快了。帕平在访问英国的时候，曾用他的高压锅作了一次表演。据在场的人记载，在帕平的高压锅里，就是坚硬的骨头，也变得像乳酪一样柔软。

今天，许多家庭都用上了“高压锅”，用这种锅做饭熟得快，很省时间。特别是在海拔高度很高的地区生活，煮饭必须用“高压锅”。因为高度越高，气压越低，水的沸点也降低。据测定在海拔 6000 米的地方，水的沸点只有 80℃左右。在这里用普通锅是很难把饭煮熟的，所以，必须用高压锅来提高水的沸点。

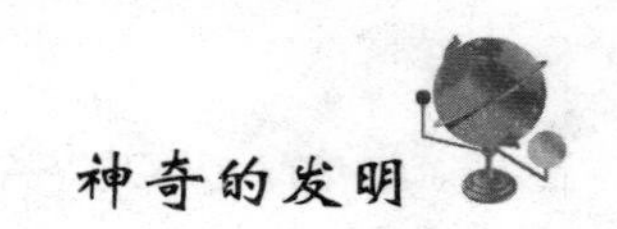

最早的电子手表

电子手表是20世纪50年代才开始出现的新型计时器，它在温度25～28℃时，一昼夜计时误差在一秒以内，即使当温度至0℃以下或50℃以上时，每昼夜也才会慢两秒钟。但100多年前我们经常使用的机械手表，由于受温度、气压、地球引力的影响，加上本身机械结构和装配过程中的误差，它的每日走时误差一般也有3～5秒左右。由此可看到，电子手表的发明在精确时间方面有着多么大的贡献。

1952年，英国发明了电动表，用化学电池作能源，代替机械表中的发条。由于化学电池的能量较稳定，走时的精确度就得到了提高。但由于电池的电能是通过机械接点传给摆轮的，而机械接点开关次数多了很容易损坏，所以这种表未能得到推广。然而，它对传统机械手表的结构进行的变革、把手表与电挂上钩的做法却打开了人们的思路，促使电子手表应运而生。

真正意义上的最早的电子手表应是1953年由瑞士试制成功的音叉式电子手表。大家知道，只要把音叉轻轻一敲，音叉就会发生振动而发出一定频率的声音。音叉式电子手表就是利用这个特性制成的。它用一个小音叉和晶体三极管无接点开关电路组成音叉振荡系统，来代替摆轮游丝振动系统。音叉的振动频率为每秒300赫兹，所以这种表走动时听不到嘀嗒声而只发出轻微的嗡嗡声，音叉振荡系统产生的时间信号推动秒针、分针、时针转动以指示时间。这种表走时误差每天稳定在2秒以内。1960年美国布洛瓦公司最早开始出售“阿克屈隆”牌音叉电子手表。

1963年由瑞士研制成功摆轮式电子手表。它与电动手表不同的地方是用晶体管、电阻等元件组成无接点开关电路，来代替易损坏的机械接点。由于这种手表不用发条，齿轮系统受力小，磨损较少，因而使用寿命较长，走时精确度比电动手表略高。这种手表于1967年投放市场后，曾在欧洲流行一时。

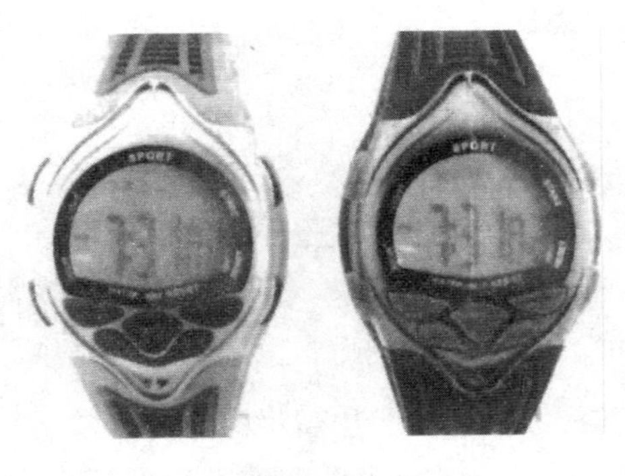

精美的电子手表

1969 年 12 月，日本精工舍公司推出了 35SQ 型电子手表。这是世界上最早的石英电子手表，这种手表以石英的固有振荡频率为走时基准，通过电子线路，控制一台微型电机带动指针，很多性能指标都超过了机械手表，因此很受顾客欢迎。

随着人类科技的发展，最终形成了一种全新的时计。数字显示电子手表采用发光二极管或者液晶为显示元件，直接以数字表示时间。整个手表由石英晶体、集成电路、显示屏以及电池构成，没有任何走动元件，所以又被称为“全电子手表”。它走时比指针式石英电子手表更精确，结构比指针式石英电子手表更简单，还具有特别良好的防磁、防震性能。世界上最早的全电子手表是美国汉弥尔顿公司在 1972 年开始出售的波沙牌数字显示电子手表。

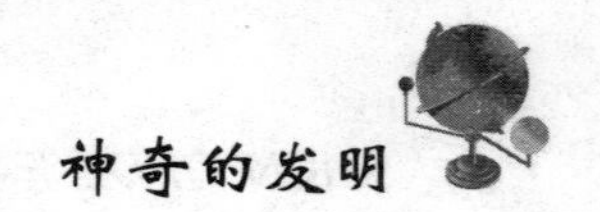

最早的眼镜

发明眼镜的人应该获得一座雕像的荣誉，可惜没有谁能够确定，究竟是谁发明了眼镜。不过我们可以知道的是：从眼镜问世起，就深植于社会史中，成为各国民俗、流行和骄傲的一部分。

最原始的眼镜是起源于透镜（放大镜），它的制造、应用与光学透镜的出现有密切的相关。现知最古老的透镜是在伊拉克的古城废墟中发现的。这块透镜用水晶石磨成。依此可推知，古老的巴比伦人至少在2700年以前便发现了一些透镜的放大功能。

相传最初发现眼镜能使物体像放大的光学折射原理是在日常生活中偶然察觉的。当时有人看到一滴松香树脂结晶体上恰巧有只蚊子被夹在其中，通过这松香晶体球，看到这只蚊子体形特大，由此启发了人们对光学折射的作用的认识，进而利用天然水晶琢磨成凸透镜，来放大微小物体，用以谋求解决人们视力上的困难。中国早在战国时期（2300年前），《墨子》中已载有墨子很多有关光和对平而镜、凸面镜、凹面镜的论述。公元前3世纪时我国古人就通过透镜取火。东汉初年张衡发现了月亮的盈亏及月日食的初步原因，也是借助于透镜的。

中国最古老的眼镜是水晶或透明矿物质制作的圆形单片镜（即现在的放大镜），传说明代大文人祝枝山就曾用过这样眼镜。明代开始到现在一直称为“眼镜”。马可·波罗在1260年写道：“中国老人为了清晰地阅读而戴着眼镜。”这证明，至少在这以前，中国人就知道眼镜并使其实用化。公元14世纪的记载说，有些中国绅士，愿用一匹好马换一副眼镜。那时的眼镜，镜片多用水晶石、玫瑰石英或黄玉制成，为椭圆形，并以玳瑁装边。戴眼镜的方法也颇奇特，用形形色色的东西固定；有用紫铜架，架在两鬓角上；有用细绳缠绕在两耳上，或者干脆固定在帽子里。间或也有人用一根细绳拴上一块装饰性的小饰物，跨过两耳，垂于两肩。因为眼镜的原料加工不易，所以当

眼镜

时的人们与其说戴眼镜是为了保护视力，倒不如说是一种炫耀身份的装饰品。

将眼镜从中国引入欧洲的人，真正可信者是13世纪一位意大利物理学家。但几乎过了一世纪，那里才普遍使用眼镜。这期间他们苦于解决一个难题：如何舒服而长时间的戴眼镜？开始是诸如今日放大镜的东西，用透明的水晶石、绿宝石、紫石英等矿石磨成的透镜上做出框架，安上手柄，或安在手杖上，后来是用绳子系于胸前，逐步发展成长柄眼镜，后来出现了长柄双眼镜和夹鼻眼镜。夹鼻眼镜尤其适用于高鼻梁的罗马人及英国人。大文豪伏尔泰在作品中赞颂道："每样东西的存在都有其目的，而每样东西都是达到那个目的所不可或缺的。瞧那为眼镜而生的鼻子！因为它，我们才有了眼镜。"

到1784年美国的本杰明·富兰克林发明了双焦距眼镜，又使眼镜的声誉得以提高。至于无形眼镜，则是1887年由德国人制造的。

最早的拉链

拉链的发明者是芝加哥机械工程师惠特考恩·加德森，为了制造一根可以使用的拉链，花了他22年的时间。1891年，他制成第一根金属拉链，当时他将它叫做“抓锁”，由两根带齿的金属和一个拉头组成，当拉头扯动时，金属拉链就能封闭或开启，主要用在鞋子上。

1905年，加德森改进了“抓锁”，将两根金属拉链固定在两根布条上，和今天使用的拉链已十分相似。这种拉链很容易的缝制到衣服上，代替纽扣。他将自己的杰作称为“居利提拉链”。

但是加德森的拉链有一个致命的缺陷：十分容易绷开。加德森为此绞尽脑汁，但怎么也找不到解决的办法。正在这时，好像上天有意派了个人来，森贝克这位年轻的工程师恰巧来到加德森的工作室。森贝克对德森的发明十分感兴趣，经过仔细观察，他指出拉链容易绷开是因为齿之间的距离过大，只要缩小距离使金属齿一颗接一颗的紧挨着，就能使拉链咬得更牢固。在森贝克的帮助下，加德森终于制成非常坚固耐用的拉链。

拉链

但再好的发明，没有需要又有何用呢？无论制衣商还是家庭主妇，对加德森的发明都不屑一顾。于是，加德森只好把制成的拉链廉价卖给小贩。识货的人最终还是来了。由于当时的一起飞机失事事件，查明原因是飞行员衣服上的纽扣脱落造成的，因此美国海军决定飞行员的衣服不再使用纽扣，而改用拉链。美国海军向加德森订购了一万根拉链。从此，拉链大行其道。

第一次世界大战后，拉链才流传到日本。日本吉田工业公司是世界上最大的拉链制造公司。它每年的营业额达 25 亿美元，年产拉链 84 亿条，其长度相当于 190 万公里，足够绕地球到月球之间拉上两个半来回。吉田公司的创办人吉田吉雄也成了闻名遐迩的“世界拉链大王”。

最早的摩托车

摩托车也叫机器脚踏车，是德国人巴特列布·戴姆勒（1834～1900）在1885年发明的。当以煤炭为燃料的蒸汽的汽车普遍行使在街头的时候，由于烟雾弥漫，时速不快等原因，已经由人开始试图利用其他燃料了。在奥托工厂任职的青年技术员戴姆勒决定研制一种小型而高效率的内燃机，毅然辞去工厂的职务，在另外组织的一个专门研制机构进行研制，终于在1883年获得成功，并于同年12月16日获得德意志帝国第28022号专利。1885年8月29日，戴姆勒巴经过改进的汽油引擎装到拇制的两轮车上制成了世界上第一辆摩托车，并获得了专利。

当时的汽油发动机尚处于低级幼稚的状况，车辆制造尚为马车技术阶段，原始摩托车与现代摩托车在外形、结构和性能上有很大差别。原始摩托车的车架是木质的。从木纹上看，是木匠加工而成的。车轮也是木制的。车轮外层包有一层铁皮。车架中下方是一个方形木框，其上放置发动机，木框两侧各有一个小支承轮，其作用是静止时防止倾倒。因此，这辆车实际上是四轮着地。单缸风扇冷却的发动机，输出动力通过皮带和齿轮两级减速传动，驱动后轮前进。车座作成马鞍形，外面包一层皮革。其发动机汽缸工作容积为264毫升，最大功率0.37千瓦，仅为现代简易摩托车的1/5。时速12公里，比步行快不了多少。由于当时没有弹簧等缓冲装置，此车被称为“震骨车”，可以想象，在19世纪的石条街道上行驶，简直比行刑还难受。尽管原始摩托车是那么简陋，但是从此摩托车才能不断变革，不断改进，才有了100多年的数亿辆现代摩托车的子孙。

第一辆由内燃机驱动的两轮车名叫“家因斯伯车”，这是1885年德国巴德—康斯塔特市的哥特利勃·戴姆勒制造的一种机动车，车架用木头制造。发动机为单缸264毫升四冲程，每分钟700转，最高车速为每小时19公里。出生于符腾堡王国（相当于今日德国的巴登—符腾堡邦之一部分）海尔布隆

摩托车

的勒文斯坦市的威廉·梅巴赫首次骑行该车。

19世纪末至20世纪初，早期的摩托车由于采取了当时的新发明和新技术，诸如充气橡胶轮胎、滚珠轴承、离合器和变速器、前悬挂避震系统、弹簧车座等，才使得摩托车开始有了实用价值，在工厂批量生产，成为商品。

20世纪30年代之后，随着科学技术的不断进步，摩托车生产又采用了后悬挂避凝震系统、机械式点火系统、鼓式机械制动装置、链条传动等，使摩托车又攀上了新台阶，摩托车逐步走向成熟，广泛应用于交通、竞赛以及军事方面。20世纪70年代之后，摩托车生产又采用了电子点火技术、电启动、盘式制动器、流线型车体护板等，以及90年代的尾气净化技术、ABS防抱死制动装置等，使摩托车成为造型美观、性能优越、使用方便、快速便捷的先进的机动车辆，成为当代地球文明的重要标志之一。尤其是大排量豪华型摩托车已经把当今汽中先进技术移植到摩托车上，使摩托车达到炉火纯青的境界。摩托车的发展进入了鼎盛阶段。

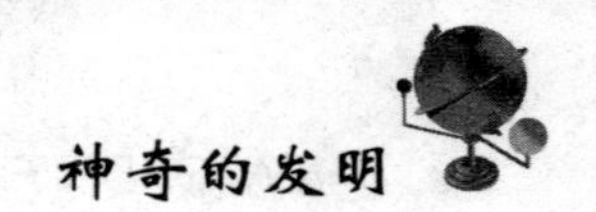

最早的降落伞

降落伞是利用空气阻力，使人或物从空中缓慢向下降落的一种器具。它是从杂技表演开始发展起来的，随着人类航空事业的发展，后来用作空中救生，进而用于空降作战。像火药一样，降落伞也是从中国传出的。

早在西汉时代的《史记·五帝本纪》中，史学家司马迁记载了这样一件事：上古时代，古代圣王舜有次上到粮仓顶部，其父瞽叟从下面点起大火想烧死他，舜就利用两个斗笠从上面跳下，这是人类最早应用降落伞原理的记载。相传公元1306年前后，在元朝的一位皇帝登基大典中，宫廷里表演了这样一个节目：杂技艺人用纸质巨伞，从很高的墙上飞跃而下。由于利用了空气阻力的原理，艺人飘然落地，安全无恙。这可以说是最早的跳伞实践了。日本1944年出版的《落下伞》一书写到了这件事，书中介绍说："由北京归来的法国传教士发现如下文献，1306年皇帝即位大典中，杂技师用纸做的大伞，从高墙上跳下来，表演给大臣看。"1977年出版的《美国百科全书》中也写道："一些证据表明，早在1306年，中国的杂技演员们便使用过类似降落伞的装置。"这个跳伞杂技节目后来传到了东南亚的一些国家，不久又传到了欧洲。

15世纪末，意大利艺术家达·芬奇设计了降落伞，用12码宽与同样长的亚麻布缝拉起来，制成一具帐篷，即可容一人从高处坠落而无伤，人类有史以来，第一具载人降落伞就此知识诞生了。

18世纪30年代，随着气球的问世，为了保障浮空人员的安全，杂技场上的降落伞开始进入航空领域。当时有人制成一种绸质硬骨架的降落伞，以半张开状态放置在气球吊篮的外面，伞衣底下带有伞绳，系在人的身上，如果气球失事，即乘降落伞落地。这可能是最早用于航空活动的降落伞。

飞机问世后，为了飞行人员在飞机失事时救生，降落伞又有了进一步改进，1911年出现了能够将伞衣、伞绳等折叠包装起来放置在机舱内，适于飞

降落伞

行人员使用的降落伞，这种降落伞于 1914 年开始装备给轰炸机的空勤人员。以后，随着运输机的出现，降落伞得到进一步改进，逐步为军队大量广泛使用，从而产生了空降兵这一新的兵种，带来了空降作战这一新的作战样式。

第一个在空中利用降落伞的是法国飞船驾驶员布兰查德。1785 年，它从停留在空中的气球上用降落伞吊一筐子，里面放一只狗，顺利地着地。接着在 1793 年，他本人从气球上用降落伞下降，可是在着地时摔坏了腿。这一年他正式提出了重空中降落的报告。另一个飞行员加纳林，于 1797 年 10 月 22 日在巴黎成功地从 610 米的高空降落成功，1802 年 9 月 21 日，在伦敦从 2438 米的高空降落成功。1808 年波兰的库帕连托从着火的气球上使用降落伞脱险。

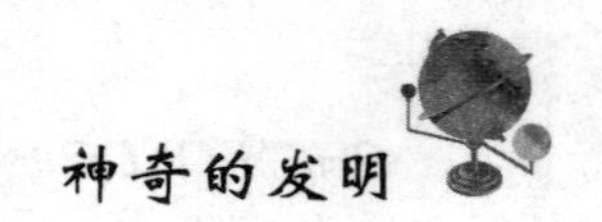

最早的柴油机

在科学史上，人们总是会对那种无心插柳却一举成功的故事津津乐道，比如伦琴射线、青霉素、宇宙微波背景辐射等等。当然能有上述的成就固然很好，但还有一种同样可敬的人：他们在有生之年不断探索，但成就却不被世人承认，直到多年之后他们的成就才发扬光大。柴油机的发明者鲁道夫·狄赛尔就是这样的一个人。

狄赛尔 1858 年出生在法国巴黎，就在他读大学期间的 1876 年，德国人奥托研制成功了第一台 4 冲程煤气发动机，这是法国技师罗夏内燃机理论第一次得到实际运用。这一成就鼓舞了当时从事机械动力研究的许多工程师，这其中就包括对机器动力十分有兴趣的年轻人狄赛尔。

1769 年，英国人詹姆斯·瓦特对原始蒸汽机作了一系列的重大改进，取得了蒸汽机的发明专利。至 19 世纪末，蒸汽机以在工业上得到广泛的应用。但是，狄赛尔却看到了蒸汽机的笨重、低效率等缺陷，并开始研制高效率的内燃机。经过精心的研究，他终于在 1892 年首次提出压缩点火方式内燃机的原始设计。

狄赛尔没有料到，他的想法实现起来远远比发明点火系统复杂的多，他所遇到的第一个就是燃料问题。狄赛尔创造性把他的目标指向了植物油。经过一系列试验，对于植物油的尝试也失败了，但他是第一个把植物油料引入内燃机的人，因而近现代鼓吹“绿色燃料”者都把狄赛尔尊为鼻祖。

最终燃料选择锁定在了石油裂解产物中一直未被重视的柴油上。柴油稳定的特性适合于压燃式内燃机，在压缩比非常高的情况下柴油也不会出现爆震，这正是狄赛尔所需要的。经过近 20 年的潜心研究，狄赛尔成功的制造出了世界上第一台试验柴油机（缸径 15 厘米、行程 40 厘米）。实验室首先由工厂总传动寄拖动，等运转稳定后放入燃料，柴油机顿时发出震耳欲聋的轰轰声转动起来。1892 年 2 月 27 日，狄赛尔取得了此项技术的专利。1896 年，狄

柴油机

赛尔有制造出第二台试验柴油机，到次年进行试验，其效率达到26%，这便是世界上第一台等压加热的柴油机。

柴油机的最大特点是省油，热效率高，但狄赛尔最初试制的柴油机却很不稳定，狄赛尔却迫不及待的把它投入了商业生产，结果就是他急于推向市场的20台柴油机由于技术不过关，纷纷遭到了退货。没有了资金来源又负债累累，使得狄赛尔的晚年陷入了极端贫困。1913年10月29日，55岁的狄赛尔独自一人呆站在横渡英吉利海峡的轮船甲板上，被巨浪卷入了大海（多数历史学家认为狄赛尔是跳海自尽的）。为了纪念狄赛尔，人们把柴油发动机命名为Diesel。

客观地讲，狄赛尔的柴油机确实存在着不少缺陷，其中最大的问题就是重量。由于柴油机汽缸压力比汽油机高很多，因而柴油机的缸体要比汽油机粗壮许多，同时早期的柴油机为压缩空气使用的空气压缩机质量也非常巨大，这就使得柴油机整体上十分笨重，极不适应当时骨架还很娇小的汽车。1924年，美国的康明斯公司正式采用了泵喷油器，这一发明有效地降低了柴油机的质量，同年在柏林汽车展览上MAN公司展示了一台装备柴油机的卡车，这是第一台装有柴油机的汽车。1936年，奔驰公司生产出了第一台柴油机轿车260D，这时距狄赛尔去世已经23年。

最早的自行车

自行车被发明及使用到现在已有两百年的历史，自行车究竟在哪个年代、由谁发明的却很少有人知道。

最早用链条带动后轮（不必用脚蹬地）的设想的提出者，据说是意大利文艺复兴时期的艺术大师达·芬奇。他所绘制的草图至今犹存意大利达·芬奇博物馆，这幅图中的设计相当巧妙，说明这位天才的这一设想与今天自行车所依据的科学原理基本上相同。据传说，达·芬奇本人曾试制出并自己乘过他所设计的自行车。但也有人以为达·芬奇只不过有过这种设想，想他的想象加以具体化，绘制成设计图，并不是他本人而是他的徒弟，事实究竟如何，有待史学家进一步考证。

18 世纪末，法国人西夫拉克发明了最早的自行车。这辆最早的自行车是木制的，其结构比较简单，既没有驱动装置，也没有转向装置，骑车人靠双脚用力蹬地前行，改变方向时也只能下车搬动车子。即使这样，当西夫拉克骑着这辆自行车到公园兜风时，在场的人也都颇为惊异和赞叹。德国男爵卡尔杜莱斯在 1817 年制造出有把手的脚踢木马自行车，他在车子前轮上装了一个方向把手，成为第一辆真正实用型的自行车。

1818 年英国的铁匠及机械师丹尼士·强生率先以铁造取代了木头材质，以铁造取代了车轮的骨架，接着他又在伦敦创办了两所学校以训练人们学习及骑乘自行车。后来英国人就把这台有趣的车子叫作 Hobby Hors，这台铁制的车由技术好、有经验的人骑乘时速可以到 13 公里。

到了 1839 年，苏格兰人麦克米伦将“木马”改造成前轮小、后轮大的双轮车，车轮是木制的，外面包以铁皮，前轮装有脚踏和曲柄连杆，用以带到后轮，车头装有车柄，可以转换方向，坐垫较低，但不必脚着地，可以用双脚蹬脚踏来驱动，史学家认为这是有只以来第一辆可以蹬的自行车。麦克米伦这一改变，在自行车发展史，固然有很重要的地位，但他生前包括身长很

最早的自行车

长一段时期，这种新式自行车未能引起注意，1889 年，德尔泽将他依照麦克米伦的创造而复制的样品在伦敦一次车辆展览会上展出，从而使德尔泽赢得了“安全自选车发明人”的名声。直到 1892 年，麦克米伦的贡献才为当时社会所确认。

1861 年法国的娃娃制造商 Michanx 发明了前轮驱动的自行车，在前轮轴上直接加上踏板，靠着这台自行车可以骑遍整个欧洲。1867 年 Michanx 成立公司并开始大量制造。1869 年法国人又发明了链条来驱动后轮，到此时的自行车算是完整的版型。

1888 年一位住在爱尔兰的兽医邓禄普发明了橡皮充气轮胎，这是自行车发展史上非常重要的发明，它不但解决了自行车多年来最令人难受的震动问题，同时更把自行车的速度又推进了许多。其实之前也有人发明过橡皮轮胎，但因为那个年代橡胶的价格非常昂贵，所以未被广为使用。从此，自行车开始在世界各国大行其道。

有一点可能是很多人不知道的。自行车曾被用于作战，主要是用以代替马匹，据考证，首先将自行车用于军事的是 1899 ~ 1902 年间的英国与南非布尔人的战争，其次便是 1904 ~ 1905 年在中国土地上进行的日俄之战。

最早的电视

如今电视机已进入千家万户，成为人们生活中不可缺少的一部分。电视到底是谁研究发明的呢？现在人们也很难说清。一说是苏格兰人贝尔德，一说是美籍俄国人弗拉基米尔·兹沃利，一说英国人约翰·洛奇·伯德，还有人说是美国达荷州16岁的孩子非拉·法斯威士发明，总之电视的发明倾注了许多人的心血。

最早对电视的研制发生兴趣的人是意大利血统的神父，叫卡塞利。他由于创造了用电报线路传输图像的方法而在法国出了名。但他对电视的发明只开了个头。他只能用电报线路传输手写的书信和图画，电报线路上的其他信息干扰了他的图像，常常会使被传输的图像变成散乱的小点和短线。

1908年，一个叫比德韦尔的英国人给《自然》科学杂志写信时谈到了他自己设计的电视装置。这封信使苏格兰血统的电气工程师坎贝尔·斯温登非常感兴趣。他开始想办法用一根线路传输所有的信息。1911年他获得了电视系列基础的专利。但坎贝尔·斯温登在世时，并没有发明出相应的电视装置。

几乎是与坎贝尔·斯温登的同时，俄罗斯彼得格勒理工学院的波里斯·罗生教授在1907年制造出了自己的电视装置。他用了一台跟若干年前在德国研制出的机械发射机相类似的机器作为发射器，接收机是阴极射线示波器，这个装置仅能勉强看到显像管屏幕上的图像，很不清晰。但他的这个实验却强烈吸引了他的一个学生，那就是现在大百科全书中记载的电视发明人弗拉迪米尔·兹沃利金。他研究出关于获得电视信号最好方法的结论与其老师相同，但却避免了发生器方面的错误。在1923年他获得了利用储存原理的电视摄像管的专利。1928年兹沃利金的新的电视摄像机研制成功。

与此同时，美国犹他州的年仅15岁的高中生非拉·法斯威士，在1921年向他的老师提出了电子电视的概念，但是，法恩斯沃思在6年后才制成能传送电子影像的析像器。法恩斯沃思的析像器与佐里金的光电摄像管虽然设

电视机

计上有差别，但在概念上却很相近，由此引发了一场有关专利权的纠纷。美国无线电公司认为，佐里金优先于法恩斯沃思于1923年就为其发明申请了专利，但却拿不出一件实际的证据。而法恩斯沃思的老师拿着法恩斯沃思的析像器的设计图纸，为非拉·法斯威士作证。经过多年不懈的力和坎坷，法斯威士终于获得成功。国专利局在30年后期认定他才是电的所有主要专利的有者。1957年，面对4000万名电视观众，他宣布："我14岁时发明了电视。"1971年，《纽时报》称他为世界上最伟大、最具魅力的学家之一。

后来，法斯威士虽然继续研究电视技术，但由于身体欠佳，使研究的范围越来越窄，未取得更大的成就。而美国无线电公司开始大量生产电视机，获得了丰厚的利润，他们把佐里金和时任美国无线电公司总裁的大卫·萨尔诺夫推举为"电视之父"。

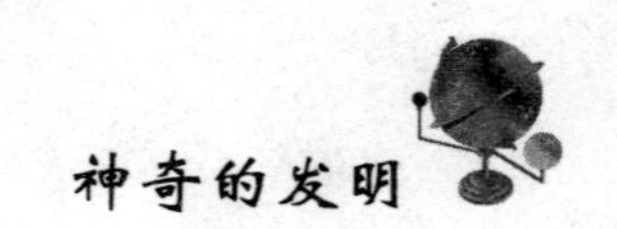

最早的洗衣机

今天，对于许多人来说没有洗衣机的生活是难以想象的。但几千年来，人们都是用手来在水里搓、用棒槌砸或搅。聪明人发明了搓衣板，更聪明的人把衣服放在水桶里，放上很原始的洗涤剂，如碱土、锅灰水、皂角水等，用棒搅拌也能洗干净衣服。在海上，海员们则把衣服拖在船尾上，让海水冲去衣服上的污垢。后来有人发明了手动洗衣机，即把需要洗涤的衣物放到一个盛着水的木盒子里，用一个手柄不断翻转木盒子里的衣物，也可以把衣物洗干净。

1677 年，科学家胡克记录了关于洗衣机的一项早期发明：霍斯金斯爵士的洗衣方法是把亚麻织品放在一个袋子里，袋子的一端固定，另一端用一个轮子和一个圆筒来回拧。用这种方法洗高级亚麻织品可以不损坏纤维。1776 年，人们发明了洗衣机的雏形，借助外力来洗衣服，19 世纪中叶，以机械模拟手工洗衣动作进行洗涤的尝试取得了可喜的进展。1858 年，一个叫汉密尔顿·史密斯的美国人在匹茨堡制成了世界上第一台洗衣机。该洗衣机的主件是一只圆桶，桶内装有一根带有桨状叶子的直轴。轴是通过摇动和它相连的曲柄转动的。同年史密斯取得了这台洗衣机的专利权。但这台洗衣机使用费力，且损伤衣服，因而没被广泛使用，但这却标志了用机器洗衣的开端。次年在德国出现了一种用捣衣杵作为搅拌器的洗衣机，当捣衣杵上下运动时，装有弹簧的木钉便连续作用于衣服。19 世纪末期的洗衣机已发展到一只用手柄转动的八角形洗衣缸，洗衣时缸内放入热肥皂水，衣服洗净后，由轧液装置把衣服挤干。

1884 年一个名叫莫顿的人获得了蒸汽洗衣机的专利。他的专利证书上是这样介绍他发明的洗衣机：即便是一个小孩，在一刻钟内也能洗 6 条被单，而且比其他洗衣机洗得更白。再后来有人用汽油发动机替代蒸汽机带动洗衣机。

洗衣机

而真正现代意义上的洗衣机的诞生要等到电动机发明之后。第一台电动洗衣机由阿尔几·费希尔于1910年在芝加哥制成。除了手柄被一个电动机取代了之外，洗衣机别的部分都与用手工转动的洗衣机相同。这是一种真正节省劳力的设计。但这种电动洗衣机进入市场后，销路不佳。

洗衣机真正被人们接受，是在第一次世界大战之后。1922年霍华德·斯奈德发明了一种搅动式电动洗衣机，并在衣阿华州批量生产。该洗衣机因性能大有改善，开始风靡市场。第二年德国厂商也生产了一种用煤炉加热的洗衣机。这种洗衣机有一只开有小孔的容器，衣服放入后，由电动机带动和容器相连的轴，使容器不断顺逆转动。

直到第二次世界大战前夕，美国才大批量生产立缸式洗衣机。洗涤缸内装有涡轮喷洗头或立轴式搅拌旋翼。30年代中期，美国本得克斯航空公司下属的一家子公司制成了世界上第一台集洗涤、漂洗和脱水于一身的多功能洗衣机，靠一根水平的轴带动的缸可容纳4000克衣服。衣服在注满水的缸内不停地上下翻滚，使之去污除垢，并使用定时器控制洗涤时间，使用起来更为方便，1937年投放市场后大受欢迎，一下子就卖了30多万台。到60年代，滚筒式洗衣机问世。高效合成洗涤剂和强力去垢剂的出现大大促进了家用洗衣机的发展。

最早的空调机

1881 年 3 月当选的美国总统格菲尔德，7 月在华盛顿车站遭到枪击。虽说不是致命伤，但因子弹深入到脊椎处，伤势很重，生命岌岌可危，必须立即动手术取出子弹。格菲尔德的住院开刀，却戏剧性的促使了空调机的出现。

华盛顿的夏天是闷热的，尤其是这一年，出现了历史上罕见的高温。病床上的总统虚弱极了。虽然总统夫人在一旁一刻不停的用扇子给他扇风，但在这样的高温下也无济于事，总统夫人提出必须降低室温的要求。于是，这个任务就落到了一个叫多西德矿山技术人员的身上。他懂得在矿山上如何向坑道内送气的技术。经过多次试验，他终于成功地将室内的温度从 30 摄氏度降到 25 摄氏度左右。多西根据空气压缩会放热，而压缩后的空气恢复到常态会吸收热量的原理，经过反复试验，终于在总统病房安装了一台压缩空气的空调机，结果使室温降了 7 摄氏度，于是世界上第一台空调机诞生了。

其实，真正意义上的空调却出自美国发明家威尔士·卡里尔之手。多西发明的空调机虽然使空气的温度降了下来，却仍旧潮湿。如何才能使空气干燥呢？排暖公司的机械工程师卡里尔一直思考着这个问题。雾气笼罩的火车

空调机

站激发了他的灵感：含有饱和水分的“潮湿”空气实际上是干燥的。所谓雾气就是空气接近百分之百的温度时其饱和的状态。如果让空气处于饱和状态，同时控制空气饱和时的温度，就能获得一种可以定量控制其温度的空气。于是在1902年，他安装了具有历史意义的温度“调节器”，从而取得了空调机的专利。这种空调机首先安装于纽约的一家印刷厂里。1906年，卡里尔的“空气处理仪”又获得了专利，对空调机作了进一步改进，经过改进的空调机开始为纺织厂采用，从而逐渐推广。

20世纪30年代末，卡里尔的“导管式空气控制系统”取得了突破，高楼大厦不仅安装上了空调，而且不需要占用宝贵的办公空间。但由于家庭空调太昂贵，又不可靠，卡里尔投资家庭空调这一领域的市场时，没有获得成功。直至20世纪50年代，美国另外两家公司——通有电器和西屋，才实现了卡里尔“家装空调”的设想，使小型空调机开始进入千家万户，成了深受酷暑煎熬的人们的宠物。

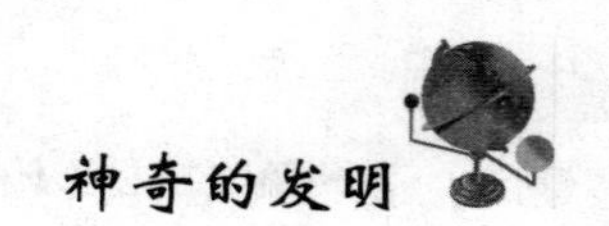

古代最早的冰箱

冰箱是近一个世纪来才发明的一种家用电器，现已成为大多数家庭中一种不可缺少的电器。它的用途很广泛，不仅可以对食物进行保鲜，还可以运用到储存医药等方面，为人们带来了许多方便。

实际上，中国在古代就已有了“冰箱”。虽然远不如现在的电冰箱高级，但仍可以起到对新鲜食物的保鲜作用。在古籍《周礼》中就提到过一种用来储存食物的“冰鉴”。这种“冰鉴”其实是一个盒子似的东西，内部是空的。只要把冰放在里面，然后把食物再放在冰的中间，就可以对食物起到防腐保鲜的作用了。这显然就是现今地球上人类使用最早的冰箱。

此外，在古书《吴越春秋》上也曾记载：“勾践之出游也，休息食宿于冰厨。”这里所说的“冰厨”，就是古代人们专门用来储存食物的一间房子，是夏季供应饮食的地方。明代黄省曾的《鱼经》里曾写道：渔民常将一种鳓鱼“以冰养之”，运到远处，可以保持新鲜，谓之“冰鲜”。可以想象，当时冷藏食物可能比较普遍。

至明清时冰箱已被北京城里的皇公贵族们广泛使用了。当然那绝不是电冰箱，而是一种用天然冰块降温的箱子，故称“冰箱”。当时的冰箱亦称“冰桶”，以黄花梨木或红木制成。从外观上看，箱身口大底小呈方斗形，腰部上下箍铜箍两周。箱两侧置铜环便于搬运，四条腿足为硬木活中的鼓腿膨牙做法。足下安托泥，用于隔湿防潮。箱口覆两块对拼硬木盖板，约 1.5 厘米厚，板上镂雕钱形孔。深色的箱体衬着金黄的铜箍铜环，给人以雍容悦目之感。冰箱不仅外形美观，而且在功能设计上也十分精巧科学。

箱内挂锡里，箱底有小孔。两块盖板其中一块固定在箱口上，另一块是活板。每当暑热来临，可将活板取下，箱内放冰块并将时新瓜果或饮料镇于冰上，随时取用。味道干爽清凉，用后让人觉得十分惬意，暑气顿消。由于锡里的保护，冰水不致侵蚀木质的箱体，反而能从底部的小孔中渗出。

冰箱

除此之外，冰融化时吸收室内的热空气，通过盖上镂空的排气孔调节室温，还可以起到空调的作用。由于冰箱广泛使用，京城每年夏季需用大量冰块，这些冰均取自冰窖。过去无论是紫禁城内还是府宅公廨，都各自有贮冰的冰窖。每年冬至起即在筒子河什刹海等处打冰入窖，由工部设专人管理。

金寄水、周沙尘著的《王府生活实录》中载有“王府从五月初一起，开始运进天然冰块，每房都备有硬木制作的冰桶……每天，由太监往各房送冰，以供瓜果等食品保鲜。”可为当时用冰祛暑的写照。

从许多史料可以看出，我们的祖先很早就会利用冰来保持食物的新鲜。因此说，中国是第一个发明冰箱的国家。

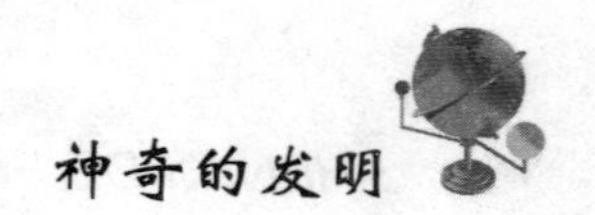

最早的家用电冰箱

电冰箱主要用来冷藏肉、蛋、水果、蔬菜等易变质的食物；此外，还通常作科研、医学、商业等有关方面进行冷藏物品用。电冰箱作为一种冷藏、冷冻贮存食品的容器，它就具有一定的贮藏空间、制冷系统、控制温度系统和保持箱内温度的四种基本功能。电冰箱按制冷方式不同可分为电机压缩式（简称压缩式）、吸收式、电磁振荡式和半导体式等数种；按箱门形式可分为单门电冰箱（直冷式）、双温双门电冰箱（冷藏和冷冻）以及多门电冰箱。家用电冰箱的容积一般在50立升到300立升之间。电冰箱冷冻室的温度等级一般分为一星－6℃以下、二星－12℃以下和三星－18℃以下。

最早的人工制冷专利是1790年登记的。几年后，有人相继发明了手摇压缩机和冷水循环冷冻法，为制冷系统奠定基础1820年，人工制冷试验首次获

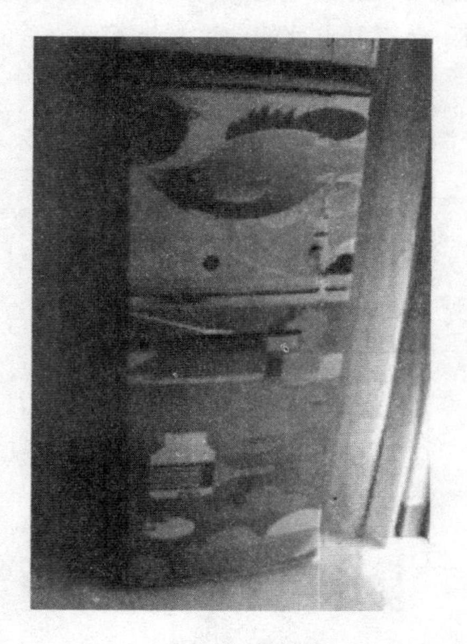

家用电冰箱

得成功。1834 年，美国工程师雅各布·帕金斯发明了世界上第一台压缩式制冷装置，这是现代压缩式制冷系统的雏形。同年，帕金斯获得英国颁布的第一个冷冻器专利。

1913 年，美国芝加哥研制了世界上最早的家用电冰箱。这种名叫“杜美尔”牌的电冰箱外壳是木制的，里面安装了压缩制冷系统，但使用效果并不理想。1918 年，美国 KE—LVZNATOR 公司的科伯兰特工程师设计制造了世界上第一台机械制冷式的家用自动电冰箱。这种电冰箱粗陋笨重，外壳是木制的，绝缘材料用的是海藻和木屑的混合物，压缩机采用水冷，噪声很大。但是，它的诞生宣告了家用电冰箱的发展进入了新阶段。

美国人纳撒尼尔韦尔斯设计出一种“开尔文纳特”牌电冰箱，并于 1918 年开始大批量商业化生产。一年以后，“弗里吉戴尔”牌电冰箱进入市场。

瑞典人蒙特斯和冯·普拉滕于 1921 年设计出了实用的低噪音电冰箱，并首次获得专利。1929 年，他们又研制出了空冷式冷凝器。1931 年，斯德哥尔摩的“高级家用电器公司”和美国的“塞维尔公司”开始了这种电冰箱的工业化生产。

美国“通用电气公司”于 1926 年研制出了密封性能良好的家用电冰箱；1939 年，又推出了第一台双温电冰箱，这种冰箱有一个冻结室，可以保存冷冻食品。

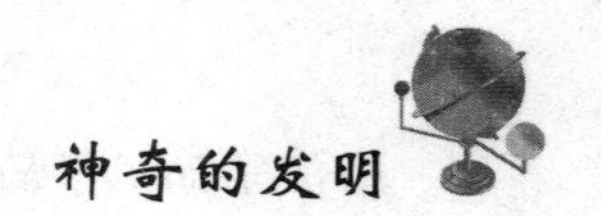

最早的微波炉

微波是一种频率非常高的电磁波，通常指300～30000兆赫兹的电磁波。微波炉是一种利用电磁波来烹饪食品的厨房器具。微波炉最早被称为“雷达炉”，原因是微波炉的发明来自雷达装置的启迪，后来正名为微波炉。

用微波炉煮饭，当微波辐射到食品上时，食品中总是含有一定量的水分，而水是由极性分子（分子的正负电荷中心，即使在外电场不存在时也是不重合的）组成的，这种极性分子的取向将随微波场而变动。由于食品中水的极性分子的这种运动。以及相邻分子间的相互作用，产生了类似摩擦的现象，使水温升高，因此，食品的温度也就上升了。用微波加热的食品，因其内部也同时被加热，放整个物体受热均匀，升温速度也快。

微波炉的发明彻底改变了现代人的饮食习惯和烹饪方式，但是这种攸关民生的科技产品，居然跟战争有着密不可分的关系。因为微波炉的原理是在第二次世界大战时军事的原因而被发明出来的。德国潜艇屡屡偷袭盟军船舰，令盟军束手无策，为了反制德国舰艇，盟军急需一种波长较短的雷达，来侦搜神出鬼没的德国潜艇。因此，1940年，英国的两位发明家约翰·兰德尔和布特设计了一个叫做“磁控管”的器材部件。后来这种磁控管就被商人运用在微波炉上面，也就造成了现在我们微波炉的盛行。

微波炉的面世主要应归功于佩西·利·巴龙·斯宾塞，他1921年生于美国亚特兰大城。当时，由于英德处于决战阶段，德国飞机对英伦三岛狂轰滥炸，“磁控管”无法英国国内生产，只好寻求与美国合作。1940年9月，英国科学家带着磁控管样品访问美国雷声公司时，与才华横溢的斯本塞一见如故，相见恨晚。在他努力下，英国和雷声公司共同研究制造的磁控管获得成功。

1945年的一天，斯宾塞正在做雷达起振实验的时候，上衣口袋处突然渗出暗黑色的“血迹”。同事们慌忙地对他说：“您受伤了，胸部流血了！”斯

微波炉

宾塞用手一摸，胸部果然湿乎乎的。他一下子紧张起来，但稍一思索后，他立刻明白了，这只不过是一场虚惊：原来是放在口袋里的巧克力融化了。

巧克力为什么会融化呢？他抓住了这一现象进行了认真的分析、“难道是微波起的作用?”于是他就用微波对各种食品进行实验，发现某些波长的电磁波的确能引起食物发热。这更坚定了他的微波能使物体发热的论点。雷声公司受斯宾塞实验的启发，决定与他一同研制能用微波热量烹饪的炉子。几个星期后，一台简易的炉子制成了。斯宾塞用姜饼做试验。他先把姜饼切成片，然后放在炉内烹饪。在烹饪时他屡次变化磁控管的功率以选择最适宜的温度。经过若干次试验，食品的香味飘满了整个房间。

1947 年，雷声公司推出了第一台家用微波炉。可是这种微波炉成本高，寿命短，影响了微波炉的推广。1965 年，乔治·福斯特对微波炉进行大胆改造，与斯宾塞一起设计了一种耐用和价格低廉的微波炉。1967 年，微波炉新闻发布会兼展销会在芝加哥举行，获得了巨大成功。从此，微波炉逐渐走入了千家万户。由于用微波烹饪食物又快又方便，不仅味美，而且有特色，因此有人诙谐地称之为“妇女的解放者”。

最早的火车

17 世纪初，法、德交界处的矿井就已开始使用马拉有轨货车。

早在 1769 年，游人就设计制造出了最原始的“火车”：它有三个轮子，前面有一个装满水的大圆球，不需要沿着轨道行驶。这种“火车”开起来不但慢，而且很难控制方向，当时还撞坏了一片城墙呢！

1781 年瓦特制造的蒸汽机问世以后，首先应用于矿井内的排水泵或煤斗吊车上。与此同时，人们也在考虑如何把静置的蒸汽机搬到交通工具上，变成动态的机械。可是，蒸汽机小型化、使车轮在轨道上不打滑、汽缸的排气、锅炉的通风等问题都有待于进一步解决。

英国人理查德·特里维西克（1771～1833）经过多年的探索、研究，终于在 1804 年制造了一台单一汽缸和一个大飞轮的蒸汽机车，牵引 5 辆车厢，以时速 8 公里的速度行驶，这是在轨道上行驶的最早的机车。因为当时使用煤炭或木柴做燃料，就把它叫作“火车”了。

它由一个黑糊糊的火车头和一节装煤炭的车厢组成。火车头上装有蒸汽机，通过燃烧大量的煤炭来产生足够的蒸汽，推动火车前进。有趣的是，当时这台机车，没有设计驾驶座，驾驶员只好跟在车子旁，边走边驾驶。4 年后，他又制造了“看谁能捉住我”号机车，载人行驶。可是，由于轨道不能承受火车的重量，机车本身也存在不少问题，行驶时不很安全，在一次运行途中，机车出了轨，就停止使用了。

与此同时，史蒂文森也在积极改进火车的性能，并且取得了很大的进展。1814 年，他制造了一辆两个汽缸的、能牵引 30 吨货物可以爬坡的火车。于是，人们开始意识到，火车是一种很有前途的交通运输工具。然而，当时的马车业主们极力加以反对。1825 年，斯托克顿与达林顿之间开设了世界上第一条营业铁路，史蒂文森制造的“运动号”列车运载旅客以时速 24 公里的速度行驶其间。尽管火车已经加入了运输的行列，但马车仍在铁路上行驶。

现代火车

到了1829年，曼彻斯特至利物浦间的铁路铺成后，为了决定采用火车还是马车，举行了一次火车和马车的比赛，史蒂文森的儿子改进的“火箭号”获胜。“火箭号”长6.4米、重7.5吨，为了使火燃烧旺盛，装了4.5米高的烟囱。牵引乘坐30人的客车以平均时速22公里行驶，比当时的四套马车快两倍以上，充分显示了蒸汽机车的优越性。于是这条铁路就采用火车了。“火箭号”也成了第一辆真正使用的火车。从这以后，火车终于取代了有轨马车。后世的人们称他为“蒸汽机车之父”。

1879年5月31日，柏林的工业博览会上展出了世界上第一台由外部供电的电力机车和第一条窄轨电气化铁路。这台“西门子”机车重量不到1吨，只有954公斤，车上装有3马力支流电动机。由于机车车身小，没有驾驶台，操纵杠和刹车都装在靠前轮的地方，所以司机只好骑在车头上驾驶。这台“不冒烟的”机车，引起了人们的极大兴趣。但是，电力机车正式进入运输的行列，那是于1881年，在柏林郊外，铺设了电气化轨道。现在，这辆电力机车陈列在慕尼黑德意志科技博物馆内。

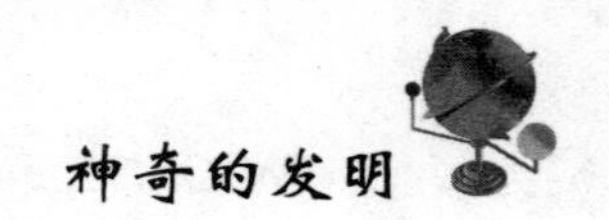

第一台电子计算机

第二次世界大战期间，随着火炮的发展，弹道计算日益复杂，原有的一些计算机已不能满足使用要求，迫切需要有一种新的快速的计算工具。美国军方为了解决计算大量军用数据的难题，成立了由宾夕法尼亚大学莫奇利和埃克特领导的研究小组，开始研制世界上第一台电子计算机。在一些科学家、工程师的努力下，在当时电子技术已显示出具有记数、计算、传输、存储控制等功能的基础上，经过三年紧张的工作，1946 年 2 月 10 日，美国陆军军机械部和摩尔学院共同举行新闻发布会，宣布了第一台电子计算机“爱尼亚克”研制成功的消息。

“ENIAC”（埃历阿克），即“电子数值积分和计算机”的英文缩写。它采用穿孔卡输入输出数据，每分钟可以输入 125 张卡片，输出 100 张卡片。2 月 15 日，又在学校休斯敦大会堂举行盛大的庆典，由美国国家科学院院长朱维特博士宣布“埃尼亚克”研制成功，然后一同去摩尔学院参观那台神奇的“电子脑袋”。

出现在人们面前的“埃尼亚克”不是一台机器，而是一屋子机器，密密麻麻的开关按钮，东缠西绕的各类导线，忽明忽暗的指示灯，人们仿佛来到一间控制室，它就是“爱尼亚克”。在其内部共安装了 17468 只电子管，7200 个二极管，70000 多电阻器，10000 多只电容器和 6000 只继电器，电路的焊接点多达 50 万个；在机器表面，则布满电表、电线和指示灯。机器被安装在一排 2.75 米高的金属柜里，占地面积为 170 平方米左右，总重量达到 30 吨。这一庞然大物有 8 英尺高，3 英尺宽，100 英尺长。它的耗电量超过 174 千瓦；电子管平均每隔 7 分钟就要被烧坏一只，埃克特必须不停更换。起初，军方的投资预算为 15 万美元，但事实上，连翻跟斗，总耗资达 48.6 万美元，合同前前后后修改过二十余次。尽管如此，ENIAC 的运算速度却也没令人们失望，能达到每秒钟 5000 次加法，可以在 3/1000 秒时间内做完两个 10 位数

第一台电子计算机

乘法。一条炮弹的轨迹，20 秒钟就能被它算完，比炮弹本身的飞行速度还要快。

1946 年底，“埃尼亚克”分装启运，运往阿伯丁军械试验场的弹道实验室。开始了它的计算生涯，除了常规的弹道计算外，它后来还涉及诸多的领域，如天气预报、原子核能、宇宙结、热能点火、风洞试验设计等。其中最有意思的，是在 1949 年，经过 70 个小时的运算，它把圆周率 π 精密无误地推算到小数点后面 2037 位，这是人类第一次用自己的创造物计算出的最周密的值。

1955 年 10 月 2 日，“埃尼亚克”功德圆满，正式退休。它和现在的计算机相比，还不如一些高级袖珍计算器，但它自 1945 年正式建成以来，实际运行了 80223 个小时。这十年间，它的算术运算量比有史以来人类大脑所有运算量的总和还要来得多、来得大。它的面世也标志着电子计算机的创世，人类社会从此大步迈进了电脑时代的门槛，使得人类社会发生了巨大的变化。

1996 年 2 月 14 日，在世界上第一台电子计算机问世 50 周年之际，美国副总统戈尔再次启动了这台计算机，以纪念信息时代的到来。

最早的无线电广播

费森登，1866年10月6日生于加拿大魁北克，祖先是新英格兰人，毕业于魁北克毕晓普学院，一生共获得500项专利，仅次于爱迪生而居世界第二位。在他对人类的诸多贡献中，最为突出的就是发明了无线电广播。无线电广播的过程是：先在播音室把播音员说话的声音或演员歌唱的声音，变成相应的电信号，这种音频电信号由于频率低，不可能直接由天线发射出去，也不可能传得很远，因此，还得采用一种叫做“调制”的技术，把音频电信号转换到一个较高的频段，然后通过发射天线，以无线电波的形式发送到空间。如果你的收音机正好“调谐”到这个电台发送的频率上，这个电台的电波就会被你的收音机所接收。然后，通过一个叫“检波”的过程，“检”出广播信号所携带的音频信号，再经过“放大”等一系列处理，我们便可以从喇叭城听到广播电台所播放的声音了。

1900年，费森登教授在马可尼、波波夫发明无线电报的启发下，萌发了用无线电波广泛传送人的声音和音乐的念头。他曾进行过一次演说广播，但声音极不清楚，未被重视。在西方金融家的支持下，他于1906年圣诞节前夕晚上8点钟左右，在纽约附近设立了世界上第一个广播站。在开播那天，播送了读圣经路加福音中的圣诞故事，小提琴演奏曲，和德国音乐家韩德尔所作的《舒缓曲》等。这个小广播站只有一千瓦功率，但它所广播的讲话和乐曲却清晰地被陆地和海上拥有无线电接收机的人所听到，这便是人类历史上第一次进行的正式的无线电广播。

不过，第一次成功的无线电广播，应该是1902年美国人内桑·史特波斐德在肯塔基州穆雷市所作的一次试验广播。史特波斐德只读过小学，他如饥似渴地自学电气方面的知识，后来成了发明家。1886年，他从杂志上看到德国人赫兹关于电波的谈话，从中得到了启发，试图应用到无线广播上。当时，电话的发明家贝尔也在思考这个问题，但他的着眼点在有线广播，而史特波斐德则着眼于无线广播。经过不断的研制，终于获得成果。他在附近的村庄里放置了5台接收机，又在穆雷广场放上话筒。一切准备工作就绪了，他却紧张得不知播送些什么才好，只得把儿子巴纳特叫来，让他在话筒前说话，吹奏口琴。试验成功了，巴纳特·史特波斐德因此而成为世界上第一个无线广播演员。

他在穆雷市广播成功之后，又在费城进行了广播，获得华盛顿专利局的专利权。现在，肯塔基州立穆雷大学还树有“无线广播之父”的纪念碑。

不过，真正的广播事业是从1920年开始的。那年6月15日，马可尼公司在英国举办了一次“无线电电话”音乐会，音乐会的乐声通过无线电波传遍英国本土，以至巴黎、意大利和希腊，为那里的无线电接收机所接收。同年，苏联、德国、美国也都进行了首次无线电广播，特别是美国威斯汀豪斯公司的KDKA广播站于11月2日首播，因播送的内容是有关总统选举的，曾经引起一时的轰动。广播很快便发展成为一种重要的信息媒体而受到各国的重视。特别是在第二次世界大战中，它成为各国军械库中的一种新式“武器”而发挥了十分重要的作用。

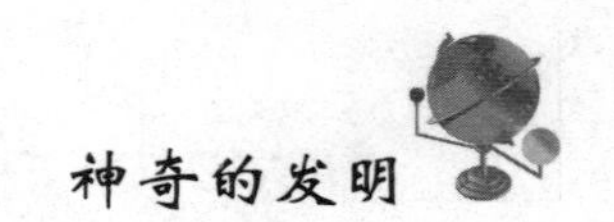

最早的电话机

在当今社会，电话已经成为人们生活中不可缺少的一员，世界上大约有7.5亿电话用户，其中还包括1070万因特网用户分享着这个网络。写信进入了一个令人惊讶的复苏阶段，不过，这些信件也是通过这根细细的电话线来传送的。那么，是谁发明了世界上第一部电话呢？

欧洲对于远距离传送声音的研究，始于18世纪，在1796年，休斯提出了用话筒接力传送语音信息的办法。虽然这种方法不太切合实际，但他赐给这种通信方式一个名字——Telephone（电话），一直沿用至今。

1863年德国教师赖斯用木头、香肠薄膜和金属片等原料做成了电话机，完全可以传送信息，尽管信号微弱、效率相对比较低，但是在电话里的声音很清晰。因此，可以断定，赖斯当年的那个简单装置就是世界上最早的电话机。

现在举世公认的“电话之父”则是苏格兰人亚历山大·贝尔。贝尔22岁时被聘为美国波士顿大学的语言教授。有一天，贝尔在实验时，却意外地发现一个有趣的现象：当电流导通和截止时，螺旋线圈会发出噪声。这个细节一般人是不会留意的，贝尔却是有心人。他重复几次，结果都一样。贝尔茅

早期英商电话公司接线生

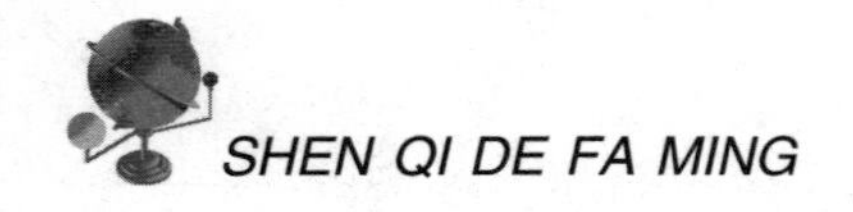

塞顿开，一个大胆的设想在脑海中出现，“在讲话时，如果我能使电流强度的变化模拟声波的变化，那么用电传送语言不就能实现了吗?”这个思想后来成了贝尔设计电话的理论基础。他决计去求教当时大物理学家约瑟夫·亨利，亨利热情地支持他，说：“贝尔，你有了一项了不起的发明理想，干吧!”

从这时开始，贝尔和他的助手沃森特就开始了设计电话的艰辛历程，两年过去了，无数次的试验都失败了。有一天，贝尔正在锁眉沉思时，隐隐传来一阵“吉他”的曲调，他侧耳凝神。听着，听着，豁然醒悟。原来，他们的送受话器灵敏度太低，所以声音微弱，难以辨别。“吉他”的共鸣启发了聪明的年轻人。贝尔马上设计了一个助音箱的草图，一时找不到材料，就把床板拆了下来，连夜赶制，接着又改装机器。1875 年 6 月 2 日，最后测试的时刻到了，沃森特在紧闭了门窗的另一房间把耳朵贴在音箱上准备接听，贝尔在最后操作时不小心把硫酸溅到了自己的腿上，他疼痛地叫了起来：“沃森特先生，快来帮我啊!”没有想到，这句话通过他实验中的电话传到了在另一个房间工作的沃森特先生的耳朵里。这句极普通的话，也就成为人类第一句通过电话传送的话音而记入史册。1875 年 6 月 2 日，也被人们作为发明电话的伟大日子而加以纪念，而这个地方——美国波士顿法院路 109 号也因此载入史册，至今它的门口仍钉着块铜牌，上面镌有：“1875 年 6 月 2 日电话诞生在此。”

1876 年 3 月 7 日，贝尔获得发明电话专利，专利证号码 N174655。1877 年，也就是贝尔发明电话后的第二年，在波士顿和纽约架设的第一条电话线路开通了，两地相距 300 公里。也就在这一年，有人第一次用电话给《波士顿环球报》发送了新闻消息，从此开始了公众使用电话的时代。一年之内，贝尔共安装了 230 部电话，建立了贝尔电话公司，这是美国电报电话公司前身。

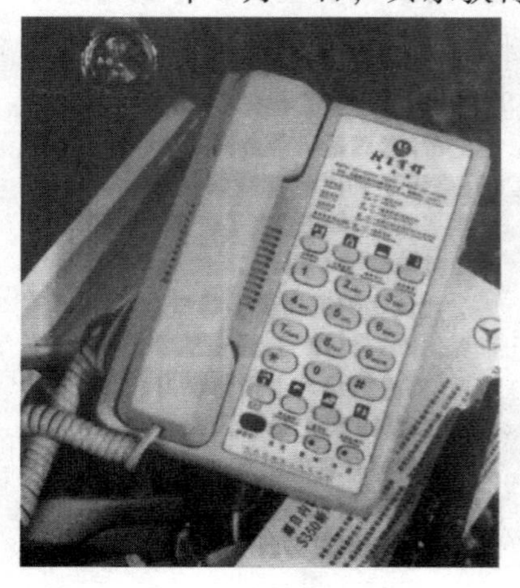

电话机

最早的留声机

爱迪生的脑袋像一台运转的机器，能迸发出灵感的火花，时刻都在搜寻着未发生的各种现象，同时也对已出现的各种现象及问题进行思索和研究，一生有无数的发明，其中一个即是留声机。

1876 年，贝尔发明了电话，由于电话声音太小，爱迪生受委托对其进行改进。1877 年的一天，爱迪生在试验电话机的时候，发现送话器里的膜片随着说话声在震动。他想了解膜片振动幅度，便找了一支钢针固定在膜片上，另一端用手轻轻按着，爱迪生对着送话器说话，突然感到按着膜片触针的手指有相应的颤动，更奇妙的是说话声调高，振动就快，声调低振动就慢；若声音大其振动强，声音小其振动就弱。这一偶然的发现，令爱迪生兴奋不已，原来他早就想发明一种能够复述声音的机器。由此他推想，触针能刺激手指，那么也应该在锡箔一类的物质表面划出连续的刻痕；如果膜片上的触针沿着这条记录声音的刻痕移动，相信一定会得到原来的声音。他在记事本上写道："我用一块有触针的膜片对准急速旋转的蜡纸，说话声的振动便非常清楚地刻在蜡纸上。试验证明，要将人的声音全部予以贮存，日后需要时再随时自动放出来，是完全可以做到的。"

爱迪生充满了信心，动手设计制造这种"重现人们说话的机器"。经几次失败后，爱迪生画出一张草图交给机械车间工头，几天后，助手约翰·克鲁西依照图样重新造出了一台由曲柄、大圆筒、两根金属小管组合成的怪异机器。1877 年 11 月 29 日，试验室里挤满了人，爱迪生坐在桌边仔细检查了机器后，从抽屉里取出一张平整的锡纸铺设在圆筒上，然后摇动曲手柄，圆筒便均匀地旋转起来。他对准那根内装着薄膜置一支触针指向圆筒的金属小管子，放声歌唱："玛丽有只小羊羔/雪球儿似一身毛/不管玛丽到哪去/它总跟在后头跑……"当螺纹机构使圆筒旋转，并将沿着水平方向慢慢移动时，触针便在锡箔纸上刻下凹槽，即声音留下的痕迹。唱完这首歌，爱迪生轻轻拔出机械上的一个小弹簧，触针离开圆筒，反向摇动手柄，让圆筒回到原位置后，再次摇动曲手柄。全屋子的人屏住呼吸目不转睛地注视着，期待着奇迹的出现。这时随着圆筒机械的转动，装着喇叭的管筒轻轻地传出了歌声："玛丽有只小羊羔……"人们都惊呆了，这竟与爱迪生刚才歌唱的一模一样。约翰·克鲁西愣了半晌才说出一句话："我的上帝，它真是一个会说话的机器呀！"此刻，全屋子的人们都欢笑起来，人类历史上第一台留声机诞生了。爱迪生在1878年2月申请了专利。

会说话的机器诞生的消息，轰动了全世界。1877年12月，爱迪生公开表演了留声机，外界舆论马上把他誉为科学界的拿破仑，是19世纪最引人振奋的三大发明之一。即将开幕的巴黎世界博览会立即把它作为时新展品展出，就连当时美国总统海斯也在留声机旁转了2个多小时。

10年后，爱迪生又把留声机上的大圆筒和小曲柄改进成类似时钟发条的装置，由马达带动一个薄薄的蜡制大圆盘转动的式样，留声机才广为普及。

最早的电灯

灯是人类征服黑夜的一大发明。在电灯问世以前，人们普遍使用的照明工具是煤油灯或煤气灯。这种灯因燃烧煤油或煤气，因此，有浓烈的黑烟和刺鼻的臭味，并且要经常添加燃料，擦洗灯罩，因而很不方便。更严重的是，这种灯很容易引起火灾，酿成大祸。多少年来，很多科学家想尽办法，想发明一种既安全又方便的电灯。

19 世纪初，英国一位化学家用 2000 节电池和两根炭棒，制成世界上第一盏弧光灯。但这种光线太强，只能安装在街道或广场上，普通家庭无法使用。无数科学家为此绞尽脑汁，想制造一种价廉物美、经久耐用的家用电灯。

真正发明电灯使之大放光明的是美国发明家爱迪生。他是铁路工人的孩子，小学未读完就辍学，在火车上卖报度日。他异常勤奋，喜欢做各种实验，制作出许多巧妙机械。自从法拉第发明电机后，爱迪生就决心制造电灯，为人类带来光明。

爱迪生在认真总结了前人制造电灯的失败经验，把自己所能想到的各种耐热材料全部写下来，总共有 1600 种之多。接下来，他与助手们将这 1600 种耐热材料分门别类地开始试验，可试来试去，还是采用白金最为合适。由于改进了抽气方法，使玻璃泡内的真空程度更高，灯的寿命已延长到 2 个小时。但这种由白金为材料做成的灯，价格太昂贵了，谁愿意花这么多钱去买只能用 2 个小时的电灯呢。

经过冥思苦想，他用棉纱在炉火上烤了好长时间，使之变成了焦焦的炭。把这根炭丝装进玻璃泡里，一试验，效果果然很好，使灯泡的寿命一下子延长 13 个小时，后来又达到 45 小时。这个消息一传开，轰动了整个世界。使英国伦敦的煤气股票价格狂跌，煤气行也出现一片混乱。人们预感到，点燃煤气灯即将成为历史，未来将是电光的时代。

大家纷纷向爱迪生祝贺，可爱迪生却无丝毫高兴的样子，摇头说道：“不行，还得找其他材料!”“怎么，亮了45个小时还不行?”助手吃惊地问道。“不行！我希望它能亮1000个小时，最好是16000个小时!”爱迪生答道。

爱迪生根据棉纱的性质，决定从植物纤维这方面去寻找新的材料，把炭化后的竹丝装进玻璃泡，通上电后，这种竹丝灯泡竟连续不断地亮了1200个小时！但爱迪生还是继续寻找认为最合适的竹子，最终找到日本出产的竹子最为耐用。与此同时，爱迪生又开设电厂，架设电线。过了不久，美国人民便用上这种价廉物美，经久耐用的竹丝灯泡。竹丝灯用了好多年。直到1906年，爱迪生又改用钨丝来做，使灯泡的质量又得到提高，一直沿用到今天。

当人们点亮电灯时，每每会想到这位伟大的发明家，是他，给黑暗带来无穷无尽的光明。1979年，美国花费了几百万美元，举行长达一年之久的纪念活动，来纪念爱迪生发明电灯100周年。

人类最早的试管婴儿

试管婴儿是“体外受精和胚胎移植”的简称。它通过手术将女性的成熟卵子取出，然后与自己的丈夫的精子或别人的精子于试管中受精，在培养4天后，再把这个受精卵移植到女子的子宫里安胎，发育为胎儿。

1944年，美国人洛克和门金首次进行这方面的尝试。1965年，英国生理学家爱德华兹和妇科医生斯蒂托提出了在玻璃试管内可能受孕的证据。1977年底，英国剑桥一间狭窄的实验室里，鲍勃·爱德华兹教授在他的显微镜下看到，培养液里漂动着的一些微小的细胞团——人类早期胚胎。其中有一个，将拥有极不平凡的命运。25年后，它变成了一个健康丰满、恬静温柔的普通姑娘，努力追求着普通的生活，尽管她的普通本身就极不普通。

从1960年开始，爱德华兹就开始研究人类卵子及体外受精技术，并于1969年在试管中培育出第一个胚胎。随后他与帕特里克·斯台普托合作，研究从女性子宫中提取卵子的方法。许多想生孩子想得发狂的不孕女性大方地提供卵子给他们试验，其中一位就是莱斯莉·布朗，一个性情恬静的妇人，

第一个试管婴儿出生

因为输卵管异常而不能受孕。她的丈夫约翰健康状况正常。

1977 年冬季的某天，爱德华兹成功地从莱斯莉体内取出卵子，驱车前往剑桥他的实验室，揣着试管使它保暖。卵子与约翰·布朗的精子在培养液中混合、受精，5 天之后生成了 5 个胚囊，它们被植入莱斯莉的子宫。尽管被告诫说受孕的可能性很小，莱斯莉却凭着感觉确信一定会成功："我感觉自己像在茧子里，很温暖，很舒服。"

1978 年 7 月 25 日夜 11 点 47 分，兰开夏郡奥尔德姆市总医院，在斯台普托主刀下，一个女婴通过剖腹产诞生了。当时约翰正在斯台普托夫人的陪伴下等候在妻子的病房里，护士来叫他去看刚出生的女儿时，他喜极而泣无法自制，在墙上砸了一拳之后才稍稍恢复冷静，亲吻了护士和斯台普托夫人后，冲出门外、跑下楼，向手术室狂奔。爱德华兹和斯台普托把孩子放到他怀里，他着魔似的盯着她，语无伦次地说："不敢相信！不敢相信！"莱斯莉还因为手术麻醉而沉睡着，没有参与这狂欢的场景。保卫严密的医院外面，从种种迹象中猜测出孩子已经降生的记者们正在为忙着打探内幕和排挤竞争对手而发疯。

这个名字叫路易斯·布朗的婴儿健康而正常，医生们长舒一口气，放下了心头悬着的一块大石。并不是所有的人都为路易斯的出生而欢呼，宗教界和政治界各种"扮演上帝"、"制造怪物"的指责早已铺天盖地，如果路易斯有一丝缺陷，爱德华兹和斯台普托就会被口水淹死。令他们欣慰的是，在"魔鬼的造物"、"弗兰肯斯坦之子"之类的聒噪中，她健康地成长着，成了试管婴儿技术的完美广告；到她 25 岁时，当年那些世界末日般的言语看起来夸张得可笑。两位科学家与布朗一家保持着亲密关系，是路易斯亲近的两位特殊的"叔叔"。斯台普托于 1988 年去世时，10 岁的路易斯像失去亲人一样悲伤哭泣。

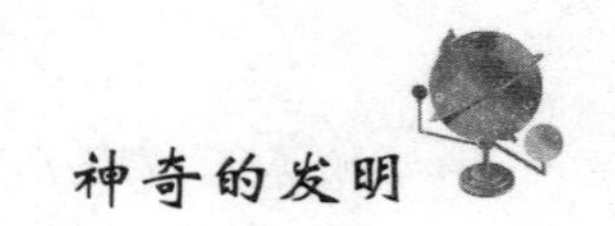

最早的克隆羊

“克隆”是人类在生物科学领域取得的一项重大技术突破，反映了细胞核分化技术，细胞培养和控制技术的进步。它原是英文 clone 的音译，意为生物体通过细胞进行的无性繁殖形成的基因型完全相同的后代个体组成的种群，简称为“无性繁殖”。“克隆”一词于 1903 年被引入园艺学，以后逐渐应用于植物学、动物学和医学等方面。广泛意义上的“克隆”其实是我们的日常生活中经常遇到，只是没叫它“克隆”而已。

在距英国苏格兰首府爱丁堡市 10 公里远的郊区有个罗斯林村，这是一个风景优美的世外桃源。罗斯林研究所就建在这个村，它是英国最大的家畜家禽研究所，也是世界著名的生物学研究中心。1997 年 2 月 22 日，世界上第一头克隆羊“多莉”就是在这里诞生。在此之前，台湾已用胚胎细胞复制出了目前最长寿且能繁殖的克隆猪。

但其他克隆动物在世界上的影响却远远及不上“多莉”。其原因就在于，其他克隆动物的遗传基因来自胚胎，且都是用胚胎细胞进行的核移植，不能严格地说是“无性繁殖”。另一原因，胚胎细胞本身是通过有性繁殖的，其细胞核中的基因组一半来自父本，一半来自母本。而“多莉”的基因组，全都来自单亲，这才是真正的无性繁殖。从严格的意义上说，“多莉”是世界上第一个真正克隆出来的哺乳动物。“多莉”的诞生，意味着人类可以利用动物的一个组织细胞，像翻录磁带或复印文件一样，大量生产出相同的生命体，这无疑是基因工程研究领域的一大突破。

继多莉出现后，克隆，这个以前只在科学研究领域出现的术语变得广为人知。克隆猪、克隆猴、克隆牛……纷纷问世，似乎一夜之间，克隆时代已来到人们眼前。

随着“多莉”克隆羊的诞生和传媒对“克隆”技术的宣传，人们开始从多方面来分析和展望克隆技术可能会给人类带来的财富。例如英国 PPL 公司

克隆之父

已培育出羊奶中含有治疗肺气肿的抗胰蛋白酶的母羊。这种羊奶的售价是6000美元1升，1只母羊就好比一座制药厂。用什么办法能最有效、最方便地使这种羊扩大繁殖呢？最好的办法就是“克隆”。同样，荷兰PHP公司培育出能分泌人乳铁蛋白的牛，以色列LAS公司培育成能生产血清白蛋白的羊，这些高附加值的牲畜如何有效地繁殖呢？答案当然还是“克隆”。除此之外，克隆动物对于研究癌生物学、免疫学、人的寿命等都有不可低估的作用。

值得注意的是，克隆技术在带给人类巨大利益的同时，也会给人类带来灾难和问题。它将对生物多样性提出挑战，而生物多样性是自然进化的结果，也是进化的动力；有性繁殖是形成生物多样性的重要基础，“克隆动物”则会导致生物品系减少，个体生存能力下降：更让人不寒而栗的是，克隆技术一旦被滥用于克隆人类自身，将不可避免地失去控制，带来空前的生态混乱，并引发一系列严重的伦理道德冲突。

最早的转基因作物

20 世纪 80 年代初发展起来的植物基因工程技术能够对植物进行精确地改造，转基因作物在产量、抗性和品质方面有显著地改进，同时也可极大地降低农业生产成本，缓解不断恶化的农业生态环境。人们将这次技术上的巨大飞跃称为第二次“绿色革命”。

所谓转基因，即是指通过基因转化技术将外源基因导入受体细胞。将含有转基因的转化体经过一系列常规育种程序加以选择和培育，最后选育出具有人们所需要的目标性状和有生产利用价值的新型品种，这种方法就可以称为转基因育种。通过转基因后的生物，在产量、抗性、品质或营养等方面向人类所需要的目标转变，而不是创造新的物种。

世界上第一例转基因植物的成功应用是 1983 年美国的转基因烟草，当时曾有人惊叹：“人类开始有了一双创造新生物的上帝之手。”1996 年美国第一例转基因番茄开始在超市出售。

目前转基因作物中最常见的是转入抗除草剂基因，这样的转基因作物可以抵抗普通的、较温和的除草剂，因此农民用这类除草剂就可以除去野草，而不必采用那些毒性较强、较有针对性的除草剂。其次是转入抗虫害基因，用得最多的是从芽孢杆菌克隆出来的一种基因，有了这种基因的作物会制造一种毒性蛋白，对其他生物无毒，但能杀死某些特定的害虫，这样农民就可以减少喷洒杀虫剂。

在 1996 年至 2002 年间，全球转基因作物种植面积从 170 万公顷迅速扩大到 5870 万公顷，7 年间增长了 35 倍，从而使得转基因作物成为普及应用速度最快的先进农作物技术之一。在全球转基因作物面积迅速扩大的同时，种植转基因作物的国家也在不断增多。2002 年全球有 16 个国家的 550 万—600 万农民种植转基因作物。全球进行商业化种植的转基因作物包括大豆、玉米、棉花、油菜、土豆、烟草、番茄、南瓜和木瓜等。其中，前四种转基因作物

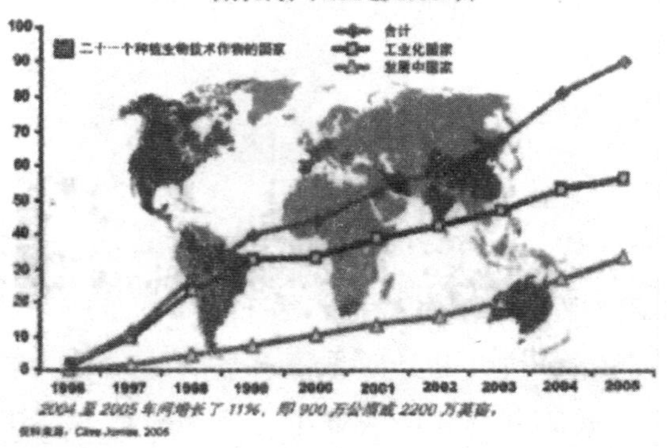

世界转基因作物达 13 亿亩

占主导地位，其他转基因作物的种植面积微不足道。

自 1996 年第一例转基因食品投入市场后，人们在享受转基因这一高科技的丰硕果实的同时，也开始担心转基因生物的安全问题。在 20 世纪最后的一年多的时间里，诸如此类转基因作物的安全性的问题，在全球范围内引起了激烈的争论：反对者认为转基因作物具有极大的潜在危险，可能会对人类健康和人类生存环境造成威胁。在欧洲，转基因作物曾一度被一些媒体称之为“由科学家创造、最终又毁灭了这个科学家的怪物”。

其实，转基因技术与传统育种技术相比，它可以打破物种的界限，将动物、微生物基因转入植物中。但是，从总体上来说，转基因技术仍是传统的育种方法的延伸，它所面临的健康、环保问题，传统作物同样也有。因此，对转基因作物安全性的争论从表面上看是一个科学问题的争论，似乎是由于科学工作者对转基因作物及其安全性的认识不同所致。然而，实际上卷入这场争论的除科研机构外，还有政府、企业、消费者、新闻等机构和环境保护组织，争论的实质并不是纯科学问题，而是经济和贸易问题，换句话说，转基因作物的安全性已成了国际贸易的技术壁垒。

最早的计算器

算盘是中国人民在长期运用算筹计算的基础上发明的，延续至今一直是中国一种最普遍的计算工具之一，可算是世界上最早的计算器了。用算盘来计算的方法叫珠算。

早在汉代的《数术记遗》一书中，就曾记载了十四种上古算法，其中有一种便是“珠算”。据南北朝时数学家甄鸳的描述，这种“珠算”，每一位有五颗可以移动的珠子，上面一颗相当于五个单位，下面四颗，每一颗相当于一个单位。这是关于珠算的最早记载，与后来流行的算盘并不相同，而且在当时也没有普及流传。

大约到了宋元的时候，珠算盘开始流行起来。元代未年一本名叫《南村辍耕录》的书中记载了江南的一条俗谚，说新来的奴仆像“擂盘珠”，不拨自动；过了一段日子像“算盘珠”，拨一拨动一动；到最后像“顶珠”，拨它也拨不动了。俗谚里都已经有了“算盘珠”的比喻，说明珠算盘的运用在江南一带已有了一段时间和一定程度的普及了。不过当时算筹并没有废除，筹算和珠算同时并用。

珠算的普及并最终彻底淘汰筹算，这一过程是在明代完成的。明代的珠算盘与现代通行的珠算盘完全相同。例如在1578年柯尚迁的《数学通轨》一书中，就曾绘有一个“算盘图式”。这是一个十三档的珠算盘图，每一档上面两个珠，下面五个珠，中间用木制的横梁隔开，与现在的算盘完全一样。这样的算盘与日本后来流行的算盘略有不同，日本流行的算盘在横梁上面只放一颗算珠。横梁上有两颗算珠，一方面便于计算中有时需要暂不进位，另一方面则便于旧制斤两（1斤=16两）的加减，所以在实际计算时要比横梁上只放一颗算珠更加方便。

至于明代珠算的运算口诀，也与今天的珠算口诀大致相同。从15世纪开始，中国的珠算盘逐渐传入日本、朝鲜、越南、泰国等地，对这些国家数学

算盘

的发展产生了重要的影响。以后又经欧洲的一些商业旅行家把它传播到了西方。现在，世界各国的学术界一致公认，珠算盘是中国发明的，中国是珠算的故乡。不仅如此，在世界已进入电子计算机时代的今天，珠算盘仍然是世界上普遍使用的计算工具。

除了中国，还有些地区也出现过算盘，但都没有流传下来。古代埃及人进行贸易时，他们在地上铺上一层沙子，用手在沙子上划出一些沟，再把小石子放在沟里，作加、减法就是增减沟里的石子。这是最原始的算盘。后来，欧洲的商人用刻有槽子的计算板代替沙子，用专门制作的算珠取代了石子，这种计算板类似于中国使用的算盘。但由于欧洲人的计算板是用钢制成的，笨重而且昂贵，再加上西方人没有运算口诀，使用起来不方便，因而逐渐被淘汰了。还有的地区的算盘是用每根木条穿着十颗木珠制成的，但由于人们把每颗珠子看作一，不像中国算盘下珠以一当一，上珠以一当五，因此计算起来速度大受限制，使用也不广泛。

最早的自动取款机

2005 年伊始，英国女王伊丽莎白二世举行授勋大典，为全球多位在本行业作出突出贡献的人颁发勋章。授勋名单中，一位年近八旬的老者格外引人注目，他就是自动取款机的发明者谢泼德·巴伦。

谢泼德·巴伦 1925 年出生在苏格兰的罗斯郡，毕业于爱丁堡大学。20 世纪 60 年代中期，他是“德拉路仪器公司”的经理。当时该公司在激烈的竞争下陷入困境，急需开发新产品使公司起死回生。谢泼德为此寝食难安。有一天，他在洗澡时突然有了灵感：“我常因去银行取不到钱而恼火，为什么不能设计一种 24 小时都能取到钱的机器呢?”

一个偶然的机会，谢泼德碰到了英国巴克莱银行的总经理。谢泼德让他给自己 90 秒时间来表达这个主意，结果对方在第 85 秒就给了谢泼德答复：“如果你能把你讲的这种机器造出来，我马上掏钱买。”一年后，谢泼德成功了。

1967 年 6 月 27 日，世界上第一台自动取款机在伦敦附近的巴克莱银行分行亮相，立刻吸引了大批观众。当时它叫“德拉路自动兑现系统”。“德拉路自动兑现系统”接受经过放射性碳 14 浸泡过的支票，这是当时比较先进的加

最古老的取款机

密手段。这些支票事先从银行里买出来，然后取款机把支票换成现金。每张支票都有不同的化学记号，以分辨顾客身份，从正确的账户中提取现金。最初顾客从自动提款机中一次只能取 10 英镑，因为当时 10 英镑已足够普通家庭维持周末了。

据估算，目前全球已有 150 万台自动取款机，而且每 7 分钟就增加一台。每年自动取款机完成的交易接近 110 亿次，提取资金近 7000 亿美元。因此英国媒体评价称："自动取款机给我们的经济生活带来了一场革命，使我们向一个 24 小时自助式消费社会转化。"不过，由于担心技术泄露被犯罪分子利用，谢泼德一直没为这项发明申请专利，所以尽管世界上 1/5 的自动取款机为德拉路仪器公司制造，但他本人并没因此暴富。

一项伟大的发明直到 40 年后才得到政府承认，谢泼德心里多少有些遗憾，但他表示："迟来总比不来好。"不过，现在的谢泼德正隐居在苏格兰北部一个偏僻的小镇上，过着钓鱼打猎的田园式生活，与他帮助建立的 24 小时自助式消费社会相距甚远。

最早的软盘

软盘的全称是“软磁盘”，是个人电脑中最早使用的可移动存储介质。作为一种可移贮存方法，它是用于那些需要被物理移动的小文件的理想选择。

20世纪60年代末70年代初期，IBM推出的全球第一台个人电脑，是计算机业里程碑似的革命性的飞跃。但是IBM的计算机面临这样一个问题，就是这种计算机的操作指令存储在半导体内存中，一旦计算机关机，指令便会被抹去。于是在1967年，IBM实验室的存储小组受命开发一种廉价的设备，为大型机处理器和控制单元保存和传送微代码。这种设备成本必须在5美元以下，以便易于更换，而且必须携带方便，于是软盘的研制之路开始了。

美国王安电脑公司当时打算发布用于字处理的计算机，感到8英寸的软盘太大，于是开始与其他公司合作生产小一点的磁盘。一天晚上，在波士顿一家昏暗的酒吧中，他们最后一致同意采用某种尺寸的软盘，这种尺寸就是餐桌上的一块鸡尾酒餐巾的尺寸，它的大小恰好是5.25英寸。从此这种软盘成为电脑的最佳移动存储设备，容量也达到360K。5.25英寸的软盘虽然从体积到容量上都有了一定的进步，但它还是有很多缺点，比如软盘采用的外包

软盘

装比较脆弱，容易损坏，体积也比较大。因此很多厂家并没有满足于这种软盘，他们都在不断地进行探索，以寻求更为先进的软盘。

1980 年，索尼公司率先推出体积更小、容量更大的 3. 5 英寸软驱和软盘，不过刚推出的时候在当时并没有被一些主要 PC 厂家所接受，市面上流行的依旧是 5. 25 英寸的软盘。直到 1987 年 4 月，IBM 推出基于 386 的个人电脑系列，正式配置了 3. 5 英寸的软驱后，这才引起了很多人的注意。从那时起，在 IBM、康柏为代表的厂商极力推崇下，这种 3. 5 英寸的软盘开始大行其道，3. 5 寸软盘以其便宜的价格、相对巨大的存储量（1. 44M，百万级字节存储量）很快全面占领市场，而 3. 5 英寸软盘驱动器也开始正式取代 5 英寸的软驱成为个人电脑的标准配置，走向了它一生中最辉煌的时期。

3. 5 英寸的软盘都是，通常简称 3 寸。3 寸软盘都有一个塑料外壳，比较硬，它的作用是保护里边的盘片。盘片上涂有一层磁性材料（如氧化铁），它是记录数据的介质。在外壳和盘片之间有一层保护层，防止外壳对盘片的磨损。软盘提供了一种简单的写保护方法，3 寸盘是靠一个方块来实现的，拔下去，打开方孔就是写保护了。反之就是打开写保护，这时可以往文件里面写入数据。

随着硬件加工技术的发展，软盘尺寸渐渐减小，容量渐渐增加。但是由于软盘介质读取方式固有的局限——磁头在读写磁盘数据时必须接触盘片，而不是像硬盘那样悬空读写——它已经难以满足大量、高速的数据存储，而且软盘的存储稳定性也较差。后来虽然有很多升级产品如 zip、ls120 及 Jazz 等，但是都难以同时解决兼容性和速度容量两者直接的矛盾。随着光盘、闪存盘等移动存储介质的应用，软盘使用已越来越少。